情報化社会におけるメディア教育

苑　復傑・中川一史

情報化社会におけるメディア教育（'20）

©2020　苑　復傑・中川一史

装丁・ブックデザイン：畑中　猛

s-66

まえがき

　20世紀後半から21世紀にかけての社会の最大の変化の一つは，情報通信技術の発展と，それを基盤とする情報化社会の進展であることはいうまでもない。情報通信技術（ICT）は人々の日常的なコミュニケーションと学習の仕方に大きな可能性を開くと同時に，これまでの教室，黒板，教科書を中心とする学校教育のあり方に，すでに大きな変化をもたらしている。さらに超スマート社会におけるビックデータ，モノのインターネット（IoT），AI，音声認識と画像識別，言語翻訳などの人工知能技術の発展は，学校教育の課程や教育方法，学習の過程に関する考え方にもさらに大きな変革を求めることになろう。

　同時に情報化社会の発展に，メディア教育は重要な役割を負っている。情報通信技術の発展の中核となる人材を養成するのは教育であることはいうまでもない。このような意味で情報通信技術を使いこなす能力としてのメディア・リテラシーの育成も教育の重要な課題となる。

　他方で留意しておかねばならないのは，情報通信技術の持つ可能性が過度の楽観性と様々な混乱を生じさせている点である。教育に情報通信技術をどのように活かしていくかを，落ち着いて体系的に考えていくことが求められている。

　さらに広い視野からみれば，様々な形の情報の氾濫の中で，個人が自律的・主体的に生きていく基盤を教育は形成していかねばならない。そうした意味で，情報化社会におけるメディア教育の役割を考えることは，教育そのものへの問い直しにも通ずる。このようにみれば，情報化社会とメディア教育との関係は，小学校や中学校だけでなく，高等学校，そして大学，さらには成人に向けての教育のいずれについても，重要な問題を提起していることになる。同時に，それは情報の技術としての側面だけでなく，教育内容や授業のあり方，そして学校・大学と社会との関係にも関わる。本書はそうした観点から，情報化社会におけるメディア教育のあり方と可能性，そしてその問題点と課題を多角的な視点から考えようとするものである。

4

本書の内容構成は以下のとおりである。

まず第1章では，情報化社会の現状や学校で求められるメディアの活用やメディア自体を題材とする教育，教育の情報化の普及・促進について概観した。

そして第2章ではさらに広い視野から，情報化社会と教育，そしてそこで求められる人間のあり方について考える。

続く第3章から第6章までは，小・中・高等学校，特別支援学校における学習指導要領にみる情報化社会への対応と情報化社会に対応する取り組み，その授業の実際とカリキュラムのあり方について紹介した。

さらに第7章と第8章では，大学教育における情報通信技術の活用の実際を踏まえ，情報通信技術の従来の大学授業を補完する機能，代替する機能，開放する機能について事例を踏まえ解説したうえで，学習の相互作用の中での主体性の重要性をあらためて吟味し，また情報通信技術を大学教育に活用する場合の問題点と課題を検討した。

第9章ではメディアを活用した授業づくり，第10章ではメディア教育で育むメディア・リテラシー，第11章ではメディア教育の歴史的展開，第12章ではメディア教育の内容と方法，第13章では知識・技能を活用する学力とメディア教育，第14章ではメディア教育を支援する教材とガイド，第15章では，ソーシャルメディア時代のメディア教育のあり方，その学習目標と学習活動について考えていく必要性を解説した。

これらの15章を通して，情報化社会とメディア教育との関係を，初等教育，中等教育，高等教育，さらに成人教育にわたって，多角的に考える基礎が形成されれば幸いである。

本書の執筆にあたって，第1，3，4，5，6，9章を担当した同僚の中川一史先生，第10章から15章を担当した武蔵野大学の中橋雄先生のご尽力にお礼を申し上げる。なお編集部の宿輪勲氏からは，ご丁寧な編集・校正によって益するところも多かった。心より感謝を申し上げる。

2019年　深秋
苑　復傑

目 次

1 | 概説：メディアと教育

中川　一史

《**目標＆ポイント**》　情報化社会におけるメディア教育のあり方や，情報化社会の現状や学校で求められるメディアの活用やメディア自体を題材とする教育，教育の情報化の普及・促進について概観する。
《**キーワード**》　情報化社会，メディア，教育，概観，教育の情報化

1．本科目の概要

15回の授業の概要は以下の通りである。

第1回「概説：メディアと教育」

情報化社会におけるメディア教育のあり方や，情報化社会の現状や学校で求められるメディアの活用やメディア自体を題材とする教育，教育の情報化の普及・促進について概観する。

第2回「情報化社会と教育」

情報通信技術（ICT）の急速な発展は産業構造，そして社会全体のあり方を大きく変えようとしている。それは学校や大学での教育のあり方に大きな影響を与えるだけではなく，教育を個別学校・大学の枠を越えて，社会全体に開放する可能性を持っている。この章では，まず①情報化社会とは何かを考え，そして②その情報化社会と，教育との関係を広い視野から整理するとともに，さらに③情報と個人との間の背後にある基本的な問題，それが教育に持つ意味をあらためて考える。

第3回「小学校における情報通信技術の活用」

　情報化社会への対応とは，必ずしも，インターネットでメールを送ったり，有害情報の対処をしたりすることだけではない。この授業では，学習指導要領に見る情報化社会への対応と小学校の授業の実際，および情報化社会に対応する小学校の取り組みについて紹介する。

第4回「中学校における情報通信技術の活用」

　学習指導要領に見る情報化社会への対応と情報化社会に対応する中学校の取り組み，および中学校での情報化社会に関する授業の実際やカリキュラムのあり方について紹介する。

第5回「高等学校における情報通信技術の活用」

　学習指導要領に見る情報化社会への対応と情報化社会に対応する高等学校の取り組み，および高等学校での情報化社会に関する授業の実際やカリキュラムのあり方について紹介する。

第6回「特別支援学校における情報通信技術の活用」

　学習指導要領に見る情報化社会への対応と情報化社会に対応する特別支援学校の取り組み，および特別支援教育での情報化社会に関する授業の実際やカリキュラムのあり方について紹介する。

第7回「大学教育における ICT 活用」

　情報通信技術（ICT）は，大学教育にきわめて密接な関係を持っている。この章では，既存の「大学」の授業をより効果的なものとする，ICTの補完機能を論じるとともに，従来型の大学が授業の一部をオンラインによって配信する，ICT の代替機能にも触れる。内容構成としては，まず①現代の高等教育の課題と大学教育における ICT 利用の可能性を整理したうえで，そして②大学における ICT の活用実態，さらに③特に従来型の授業に代えて，オンラインで大学の授業を配信する大学の事例を紹介し，最後に④ICT の導入が大学教育のあり方そのものに持つ意

味を考える。

第 8 回 「開放型の高等教育」

　この授業では ICT を軸として，伝統的な大学の制度的枠組みを超えて，ICT による学習を広げる動きについて述べる。まず①広い意味でのICT である放送あるいはインターネットを用いた大学について述べる。そして②新しい形態として注目を浴びつつある MOOC などの大規模公開オンライン授業を紹介するとともに，さらに③こうした ICT を用いた開放型の高等教育の可能性と問題点について考える。

第 9 回 「メディアを活用した授業づくり」

　メディアは ICT や情報通信技術に限らない。本授業では，様々なメディアを活用した授業づくりについて，事例を示すとともに，その工夫や留意点などについて検討する。

第 10 回 「メディア教育で育むメディア・リテラシー」

　メディア教育によって育まれるメディア・リテラシーという能力の概要について解説する。まず，メディア・リテラシーという言葉の定義について先行研究を取り上げて整理する。また，ICT によるコミュニケーションの変化やデジタルネイティブという世代の登場を踏まえ，時代に応じたメディア・リテラシーの研究が行われる重要性について検討する。

第 11 回 「メディア教育の歴史的展開」

　時代や社会に応じたメディア・リテラシーのあり方を問い直していく必要があることについて考える。例として，イギリス，カナダ，日本の歴史的な系譜について扱う。また，日本でメディア・リテラシーが注目された理由の1つといえる情報教育の展開を確認することから，「情報活用能力」の育成を目指す情報教育と「メディア・リテラシー」の育成を目指すメディア教育の接点を探る。

第12回「メディア教育の内容と方法」

　メディア教育が何をどのように学ぶものとして捉えられてきたか，ということについて整理する。メディア教育として学習者が理解すべき内容である「メディアの特性」とはどのようなものか，これまでどのように整理され，どのように学ばれてきたのか，先行研究を取り上げて紹介する。その上で，メディアを活用して子どもたちが表現する授業デザインを探究してきた D-project の取り組みを事例として取り上げる。

第13回「知識・技能を活用する学力とメディア教育」

　日本の学校教育においてメディア教育がどのように位置付いているのか解説する。特に学習指導要領における指針，全国学力・学習状況調査の内容に見られる位置付け，実践開発研究の取り組みについて紹介する。

第14回「メディア教育を支援する教材とガイド」

　わが国の学校教育におけるメディア教育が，学校外の機関によってどのように支援されてきたかを学ぶ。メディア教育用の教材は，総務省，公共放送，研究者など，様々な立場のもとで開発されてきた。これらが，どのような内容を取り扱ってきたのか確認する。また，こうした支援を継続的に行う上での課題について検討する。

第15回「ソーシャルメディア時代のメディア教育」

　ソーシャルメディアが普及した時代に求められるメディア・リテラシーとその教育のあり方について考えていく必要性について学ぶ。ソーシャルメディアは，人と人との関わりによってコンテンツが生成される特性を持つことから，これまでのメディア教育とは異なる教育内容と方法が必要になる。まず，ソーシャルメディア時代とはどのような時代なのか確認する。その上で，どのような学習目標を設定し，学習活動を行う必要があるのか解説する。

このように，本科目は情報化社会におけるメディアと教育のあり方に関して，第 1 回から第 8 回までは初等中等教育および高等教育において，情報通信技術に関して情報化社会の状況を踏まえながら，どのように活用していくのかについて学ぶ。第 9 回からは，「メディアで学ぶ，メディアを学ぶ」という視点で，メディア・リテラシーの実際とその意味を学ぶ。

2．情報，メディアと教育

教育における情報，メディアの活用において，多大な貢献があるのは，学校放送である。2000 年代になると，メディアの活用そのものを扱うような番組も登場している。例えば，2001 年に小学校高学年用の学校放送番組として「体験！メディアの ABC」が登場した。まさにメディアについて学ぶ番組だった。その後，情報活用について学ぶ「調べてまとめて伝えよう」「伝える極意」などが登場し，児童の情報活用能力の育成に寄与した。メディア・リテラシーをテーマにしている番組としては，「メディアタイムズ」が 2017 年に登場している。メディアの特性を理解する番組である。

メディア・リテラシーとは，「メディアが形作る『現実』を批判的（クリティカル）に読み取るとともに，メディアを使って表現していく能力」（菅谷，2000）である。学習指導要領において，中心的に扱われることはまだないが，SNS やスマホの活用などを児童生徒が日常的に活用することになった情報社会の現在，テーマとして注目されるようになってきた。

メディアの理解・表現・活用に関連する 1 つのテーマとしては，文部科学省が，学習指導要領において，情報活用能力を学習の基盤となる資質・能力の 1 つと位置付けている。情報活用能力は，「情報活用の実践

力」「情報の科学的な理解」「情報社会に参画する態度」の3観点と8要素に整理されている。（図1）

情報活用能力の3観点8要素

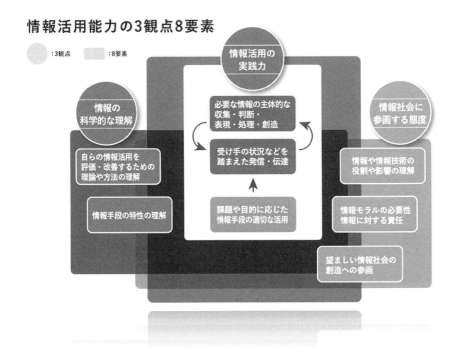

図1　文部科学省（2017）21世紀を生き抜く児童生徒の情報活用能力育成のために

　情報活用能力については,小学校学習指導要領解説総則編　第3章 教育課程の編成及び実施　第2節 教育課程の編成　2 教科等横断的な視点に立った資質・能力　(1) 学習の基盤となる資質・能力（第1章第2の2の(1)）　イ 情報活用能力　において,「情報活用能力をより具体的に捉えれば,学習活動において必要に応じてコンピュータ等の情報手段

を適切に用いて情報を得たり，情報を整理・比較したり，得られた情報をわかりやすく発信・伝達したり，必要に応じて保存・共有したりといったことができる力であり，さらに，このような学習活動を遂行する上で必要となる情報手段の基本的な操作の習得や，プログラミング的思考，情報モラル，情報セキュリティ，統計等に関する資質・能力等も含むものである。こうした情報活用能力は，各教科等の学びを支える基盤であり，これを確実に育んでいくためには，各教科等の特質に応じて適切な学習場面で育成を図ることが重要であるとともに，そうして育まれた情報活用能力を発揮させることにより，各教科等における主体的・対話的で深い学びへとつながっていくことが一層期待されるものである。」と示されている。

　各教科でも関連の記述が見られる。情報の扱い方に関しては，小学校学習指導要領解説国語編　第2章 国語科の目標及び内容　第2節 国語科の内容　2〔知識及び技能〕の内容　(2) 情報の扱い方に関する事項において，以下のように示している。

　（略）急速に情報化が進展する社会において，様々な媒体の中から必要な情報を取り出したり，情報同士の関係を分かりやすく整理したり，発信したい情報を様々な手段で表現したりすることが求められている。一方，中央教育審議会答申において，「教科書の文章を読み解けていないとの調査結果もあるところであり，文章で表された情報を的確に理解し，自分の考えの形成に生かしていけるようにすることは喫緊の課題である。」と指摘されているところである。話や文章に含まれている情報を取り出して整理したり，その関係を捉えたりすることが，話や文章を正確に理解することにつながり，また，自分のもつ情報を整理して，その関係を分かりやすく明確にす

ることが，話や文章で適切に表現することにつながるため，このような情報の扱い方に関する「知識及び技能」は国語科において育成すべき重要な資質・能力の一つである。

　こうした資質・能力の育成に向け，「情報の扱い方に関する事項」を新設し，「情報と情報との関係」と「情報の整理」の二つの系統に整理して示した。

　例えば，「情報の整理」では，比較や分類の仕方を理解し使うことや，図などによる極と極との関係の表し方を理解し使うことが示されている。（図2の下の段）

第1学年及び第2学年	第3学年及び第4学年	第5学年及び第6学年
ア　共通，相違，事柄の順序など情報と情報との関係について理解すること。	ア　考えとそれを支える理由や事例，全体と中心など情報と情報との関係について理解すること。	ア　原因と結果など情報と情報との関係について理解すること。
	イ　比較や分類の仕方，必要な語句などの書き留め方，引用の仕方や出典の示し方，辞書や事典の使い方を理解し使うこと。	イ　情報と情報との関係付けの仕方，図などによる語句と語句との関係の表し方を理解し使うこと。

図2　情報の扱い方に関する事項

　情報の整理には，比較や分類という視点は重要である。例えば，「リーフレットをよりよく改善しよう」という本時目標がある。しかし，児童にとって，「何を改善しなくてはならないのか」が理解できなければ，それはただやらされているだけになってしまう。このように，Good と Bad あるいは Before と After を理解させながら比較し改善していくことが望ましいと考える。また，リアクションの場をどう保証するかも吟味し

たい。相手意識を持つことは簡単ではない。時には，厳しい評価（失敗）体験も必要である。これをどう盛り込むか単元開発の時点で検討すべきである。

3．教育の情報化の普及・促進

　教育の情報化の普及・促進に関しては，これまでも進められてきた。今後さらに普及・促進を進めるには，欠かせない 4 条件がある。それは「**活用**」「**スキル**」「**環境**」「**制度**」の 4 点である。（図 3 ）

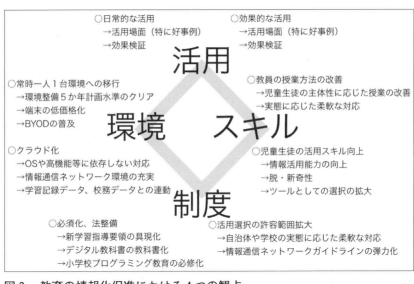

○日常的な活用
　→活用場面（特に好事例）
　→効果検証

○効果的な活用
　→活用場面（特に好事例）
　→効果検証

○常時一人 1 台環境への移行
　→環境整備 5 か年計画水準のクリア
　→端末の低価格化
　→BYODの普及

○教員の授業方法の改善
　→児童生徒の主体性に応じた授業の改善
　→実態に応じた柔軟な対応

○クラウド化
　→OSや高機能等に依存しない対応
　→情報通信ネットワーク環境の充実
　→学習記録データ、校務データとの連動

○児童生徒の活用スキル向上
　→情報活用能力の向上
　→脱・新奇性
　→ツールとしての選択の拡大

○必須化、法整備
　→新学習指導要領の具現化
　→デジタル教科書の教科書化
　→小学校プログラミング教育の必修化

○活用選択の許容範囲拡大
　→自治体や学校の実態に応じた柔軟な対応
　→情報通信ネットワークガイドラインの弾力化

活用　環境　スキル　制度

図 3　教育の情報化促進における 4 つの観点

1 ）活用

　ICT の活用なしに促進は見えない。活用とひと言で言っても，そこには「日常的な活用」と「効果的な活用」の 2 つの側面がある。例えば，

タブレット端末のような学習者用コンピュータが数多く整備されたとすると，まずは，使ってみることが大事である。初めから効果があるかないかを目くじら立てて言い過ぎると，ICT の活用に腰の引けた教師は，「じゃあいいわ」ということになってしまう。次の段階として，正面から「効果的な活用」を取り上げた方がスムーズに行くことも少なくない。同時進行で，（全校の児童生徒が使うことを考えると）限られた台数の学習者用コンピュータを少しでも常時稼働するように，どこにどのように配置したらよいかなどについて，検討することになる。こうやって，「日常的な活用」と「効果的な活用」の両面を見据えながら，校内の活用をすすめていくことになる。

2）スキル

　スキルには 2 つの側面がある。1 つは当然ながら児童生徒のスキル向上である。情報活用能力をどのように向上させていくのか，全教科・領域横断的に考えていく必要がある。学習指導要領では，「情報活用能力」という言葉を使わなくても明らかに該当する箇所（国語科の「情報の扱い方に関する事項」など）がある。これらを洗い出し，検討していきたい。もう 1 つは，教師の授業改善に関することだ。例えば，学習者用コンピュータの活用を指導することは，これまで教師の提示用に使っていた ICT 機器とは，「使う筋肉」が違う。どのように対応していくかをまさに問われることになっていくだろう。

3）環境

　環境の問題は，なかなか難しい。教師一人の力ではどうすることもできない事項が多いからだ。それでも学習者用コンピュータの常時一人 1 台環境やクラウド化に向けて少しずつではあるが進んでいる。4 に示す

「必修化，法整備」が機器整備の追い風になる一面もあるだろう。

4) 制度

　制度は，「必修化，法整備」と「活用選択の許容範囲拡大」を挙げたい。「必修化，法整備」については，例えば，デジタル教科書の法制化，小学校プログラミング教育の必修化などである。デジタル教科書については，学習者用デジタル教科書の効果的な活用の在り方等に関するガイドラインにおいて，「学習者用デジタル教科書の制度化に当たっては，学校における教科書及び教材の使用について規定する学校教育法第 34 条等の一部が改正され，新学習指導要領を踏まえた『主体的・対話的で深い学び』の視点からの授業改善や，障害等により教科書を使用して学習することが困難な児童生徒の学習上の支援のため，一定の基準の下で，必要に応じ，紙の教科書に代えて学習者用デジタル教科書を使用することができることとなる。」としている。

　また，「活用選択の許容範囲拡大」であるが，特に情報通信ネットワークに関しては，自治体のガイドラインがネックで，学習に活用できないという地域もあり，今後，どのように弾力的に運用されていくかは，学習でどう活用できるかに大きく影響してくる。これも活用ニーズが高まれば，一気に進む可能性もあるだろう。

　文部科学省は，2018 年 4 月に「教育の ICT 化に向けた環境整備 5 か年計画（2018～2022 年度）」を公表している。（次ページの図 4 ）この中で，「(2) 平成 30 年度以降の学校における ICT 環境の整備方針について」として，2020 年度から順次実施の学習指導要領においては，「情報活用能力が，言語能力，問題発見・解決能力等と同様に『学習の基盤となる資質・能力』と位置付けられ，『各学校において，コンピュータや情報通信ネットワークなどの情報手段を活用するために必要な環境を整

え，これらを適切に活用した学習活動の充実を図る』ことが明記されるとともに，小学校においては，プログラミング教育が必修化されるなど，今後の学習活動において，積極的に ICT を活用することが想定されています。」としている。

このように，「**活用**」「**スキル**」「**環境**」「**制度**」の問題は，お互いに関連しあっている。

学校におけるＩＣＴ環境整備について

教育のＩＣＴ化に向けた環境整備５か年計画（2018～2022年度）

新学習指導要領においては、情報活用能力が、言語能力、問題発見・解決能力等と同様に「学習の基盤となる資質・能力」と位置付けられ、「各学校において、コンピュータや情報通信ネットワークなどの情報手段を活用するために必要な環境を整え、これらを適切に活用した学習活動の充実を図る」ことが明記されるとともに、小学校においては、プログラミング教育が必修化されるなど、今後の学習活動において、積極的にＩＣＴを活用することが想定されています。

このため、文部科学省では、新学習指導要領の実施を見据え「2018年度以降の学校におけるＩＣＴ環境の整備方針」を取りまとめるとともに、当該整備方針を踏まえ「教育のＩＣＴ化に向けた環境整備５か年計画（2018～2022年度）」を策定しました。また、このために必要な経費については、<u>2018～2022年度まで単年度1,805億円の地方財政措置を講じる</u>こととされています。

2018年度以降の学校におけるＩＣＴ環境の整備方針で目標とされている水準

- 学習者用コンピュータ　３クラスに１クラス分程度整備
- 指導者用コンピュータ　授業を担任する教師１人１台
- 大型提示装置・実物投影機　100％整備
　各普通教室１台、特別教室用として６台
　(実物投影機は、整備実態を踏まえ、小学校及び特別支援学校に整備)
- 超高速インターネット及び無線LAN　100％整備
- 統合型校務支援システム　100％整備
- ＩＣＴ支援員　４校に１人配置
- 上記のほか、学習用ツール(※)、予備用学習者用コンピュータ、充電保管庫、学習用サーバ、校務用サーバ、校務用コンピュータやセキュリティに関するソフトウェアについても整備
　(※) ワープロソフトや表計算ソフト、プレゼンテーションソフトなどをはじめとする各教科等の学習活動に共通で必要なソフトウェア

1日1コマ程度、児童生徒が1人1台環境で学習できる環境の実現

図4　教育の ICT 化に向けた環境整備 5 か年計画（2018～2022 年度）

参考文献

文部科学省（2017）平成 28 年度学校における教育の情報化の実態等に関する調査結果（概要）

2 | 情報化社会と教育

苑　復傑

《**目標＆ポイント**》　情報通信技術の急速な発展は，産業構造そして社会全体のあり方を大きく変えようとしている。それは学校や大学での教育のあり方に大きな影響を与えるだけでなく，教育を個別学校・大学の枠を越えて社会全体に開放する可能性を持っている。この章では，まず，情報化社会とは何かを考え（第1節），その情報化社会と，教育との関係を広い視野から整理するとともに（第2節），情報と個人との間の背後にある基本的な問題，それが教育に持つ意味をあらためて考える（第3節）。

《**キーワード**》　情報通信技術（ICT），情報化社会，情報，教育，学校，大学

1．情報化社会とは何か

　「情報化社会」は現代の一つの決まり文句になっている。しかし，そもそも「情報化社会」とは何なのか。これからの議論の土台として，まず，それから考えておこう。

1）情報通信技術の発展

　確実なのは情報化社会の土台となっているのが，情報通信技術（Information and Communication Technology＝ICT）のハードやソフト面を含めての加速度的な発展だということである。

　情報に関する広い意味での技術は新しいものではない。歴史的にみれば，人間は長い歴史の中で，情報に関する様々な道具を発展させてきた。

紀元前にいくつかの文明で発明された文字は，情報を載せて，時間を越えて，あるいは物理的な距離を越えて伝達されることを可能としたのである。そして15世紀における印刷術の発明・発展は，印刷された形の知識・情報がそれまでになく大量に供給され，多数の人々に伝達されることを可能とした。19世紀に入っての電話の発明，そして20世紀に入っての無線機器，ラジオ，テレビの発明はさらに大量の情報が，きわめて多数の人々に，しかも安価に供給されることを可能とした。文明と情報とは一体となって発展してきたのである。

さらに20世紀後半，そして21世紀に入ってからの情報通信技術の発展はきわめて目覚ましかった。半導体技術の発展など一連の電子技術の発展を基礎として，ワールド・ワイド・ウェブ（World Wide Web＝WWW）によるインターネットの普及によって，情報が双方向的に，しかも大量に，瞬時に流通することが可能となった。そしてそのフォーマットをもとに，電子メールや，ホームページ，ソーシャルネットワーク，などの新しい情報交換の形態が爆発的に拡大している。さらにそれは，タブレット，スマートフォンなどの発展とつながって，様々な情報が常に個人に供給され，発信される条件を作っている。そうした動きを情報の流通という観点から整理すれば以下のようになろう。

第一は，Webサイトに関する情報検索を行うポータルサイトの拡大である。ヤフー（Yahoo）やグーグル（Google）などのポータルサイトはすでに1990年代後半から活動を始めていたが，これが2000年代に入って，さらに様々な情報検索，共有サービス提供を始めた。

第二は，新しい形での知識蓄積のプラットフォームが出現したことである。例えば，電子百科事典としてのウィキペディア（Wikipedia）が2001年に設置された。これは従来の百科事典としての情報の検索，解説の機能を持つものであるが，他方でその購読は無料であり，執筆もボ

ランティアが行う。また 2005 年に創設されたユーチューブ（YouTube）は映像の投稿を集積し，それを無料で公開するサービスとして急速に拡大した。いずれにしても膨大な情報が，無料で公開され，しかもそれが，一般から提供される，いわば情報のネットワークを形成したといえる。

　第三は，個人からの情報発信と，社会ネットワークの発展である。Webを利用して個人が情報を発信するブログ（Blog）は 2000 年代初めから活発になった。その機能をさらに高度化したツィッター（Twitter）は 2006 年から始まり，急速に参加者を増やした。同時に個人間の情報の共有，ネットワークの形成を行うソーシャル・ネットワーキング・サービス（Social Networking Service ＝ SNS）と呼ばれるプラットフォームも急速に拡大した。2003 年に専門家のネットワークであるリンクトイン（LinkedIn），2006 年にはフェイスブック（Facebook），さらに 2011 年にウィーチャット（WeChat）やライン（LINE）が開発され，加入者が爆発的に拡大して今日に至っている。

　最近では技術の発展がさらに加速して，情報処理速度・記憶媒体の容量が飛躍的に拡大し，その伝達を拡大している。大容量の第 5 世代移動通信システム（5 G）が現実のものとなり，それが可能とする IoT（Internet of Things：モノのインターネット）が進もうとしている。さらに，ビッグデータ（Big Data）の利用，AI（Artificial Intelligence：人工知能），それに基づく各種のロボットの利用など，情報通信技術の領域を超えて，モノの生産や医療，ヒトの生活をより豊かにすることにも起用しようとしている。

　こうした急速な情報化社会の発展は，社会における情報の所在とその検索と獲得，個人間のネットワークのあり方，コミュケーションの仕方に大きな影響を与えることになった。

　ここで留意しておかねばならないのは，こうした技術的な発展は，具

体的な需要があって，それに応えるために起こってきたというわけでは必ずしもない，という点である。むしろ，技術の自律的な発展が，これまで考えられなかった社会的需要を呼び起こし，それを基礎にまた新しい発展が起こる，という形で進展が起こってきたのである。このような情報通信技術の発展の特質は，一方で新しい社会発展の可能性を引き起こすとともに，予期されない様々な影響をも生み出すことになる。これについては後に述べる。

2）経済産業構造の変化

　情報化社会が議論されるもう1つのコンテクストは，それが社会・経済的な産業構造の発展と重要な関係を持っていることである。

　言うまでもなく，歴史的にみれば一国の産業構造は，農林漁業（第一次産業）を中心としたものから，工業・製造業を中心としたもの（第二次産業）に発展する。そしていま，多くの国々では，いわゆるサービス産業（第三次産業）が大きな役割を果たすようになった。

　情報化社会はこの第三次産業の中心の1つとなるものである。ただしそれは情報化が第三次産業だけに直結するということを意味するものではない。むしろ重要なのは，農林漁業においても，様々な技術発展が起こり，それを支える知識が必要となっていると同時に，国際的なマーケットについての情報など，情報が重要な役割を果たすようになっている。工業部門でも，直接的な製造プロセスは次第に人の直接の労働に頼るものから，高度の知識を基にした施設設備をオートマチックに駆使する人工知能（AI）に代わっている。生産活動自体が，高度の情報や知識を不可欠とするようになっているのである。さらにいわゆるサービス部門に属する活動でも，例えば商業部門などでは，ネット販売，オンライン決済など，コンピュータやスマートフォンなどの情報機器や，インター

ネットの利用が人間の生産・消費活動に不可欠になっている。

　情報そのものが人間の生活そのものに重要な意味を持つようになった。新聞や雑誌，テレビ，ラジオなどで様々な情報コンテンツを消費することは現代の生活を営むためには不可欠となっている。そしてインターネットなど新しい情報通信技術はさらに新しい需要を作っており，IoT というモノのインターネットは人々の社会生活と不可分となってきている。こうした意味での情報化は，情報産業（第四次産業）といった言葉とその意味が重なる。

　もう一方で，そうした産業活動に必要な人間の能力はこれまでのものとは違ってくる。直接に手や体力を使う仕事は，様々な機械や設備に置き換えられる。むしろそうした機械や設備を操作する能力が求められる。そして同時にそのような自動化を企画し，設計していくことも必要になるだろう。さらに情報コンテンツそれ自体を作る能力もきわめて重要になる。こうした意味で，情報化社会は，インターネット技術，情報機器によって先鞭をつけられる一方で，人間の持つ知識や能力にも大きく依存するのである。

3）「超スマート社会（Society 5.0）」

　情報産業（第四次産業）の拡大は，単に産業構造のあり方をかえるだけでなく，社会構造や人間の行動にも大きな変化をもたらす，一つの未来社会像をも作りだす。それは社会全体の一つの発展ビジョンとなっている。政府関係機関が日本の将来の姿として描く「超スマート社会（Society 5.0）」はそうした姿を示すものである。その概要は『第 5 期科学技術基本計画』(2016)，『世界最先端 IT 国家創造宣言・官民データ活用推進基本計画』(2017)，『未来投資戦略 2018—「Society 5.0」「データ駆動型社会」への変革に向けて—』(2018) などの一連の政府文書に

示されている。

　ここで論じられているのは，上述の産業・社会発展との関連でいえば，狩猟社会（Society 1.0），農耕社会（Society 2.0），工業社会（Society 3.0），情報化社会（Society 4.0）に続く，新たな社会としての超スマート社会（Society 5.0）である。この Society 5.0 においては，「我々の身の回りに存在する様々なセンサーや活動履歴（ログ）等から得られる膨大なデータ（ビッグデータ）が，AI により解析され，その結果がインターネットに接続される。機械学習の技術の発展により，音声認識，画像理解，言語翻訳等の分野で人と同等以上の能力を人工知能（AI）が持つようになり，これらを応用した自動運転車やドローン，会話ロボット・スピーカ，翻訳機，介護ロボット・医療診断補助などの製品・サービスが実装化される。」（文部科学省大臣懇談会『Society 5.0 に向けた人材育成』2018）という。こうした意味で，情報化が人間の働き方や生活の仕方自体を大きく変えることになるとされるのである。そしてその社会をいかに実現するかに，日本の将来がかかっている，ということになる。ただし，情報化社会と超スマート社会とは明確に区別できるものではない。むしろ超スマート社会は，情報化社会の一つの局面であると考えられる。情報化社会は常に変化し続けることにその本質がある。

　ところで，こうした情報化社会は単にバラ色の未来社会なのではない。AI やそれに関連する技術の発展は，これまで人間にしかできないと思われてきた作業の一部を，機械ないしロボットが担うことができるようになることを意味する。実際，1980 年代のコンピュータの広範な普及は，一部の事務職労働者の需要を減少させた。いま想定されている AI 関連の技術の発展はさらに大きな範囲での労働機会を無くす可能性をも持っている。こうした意味で，情報化社会に人間がどのように適応していくか，という問題も重要となっているのである。

2. 情報化社会と教育

　以上に述べた情報化社会と，教育・学校・大学との間にはどのような関係があるのだろうか。それを図式的に下の図1に示した。両者の関係には①，②，③の三つの側面がある。

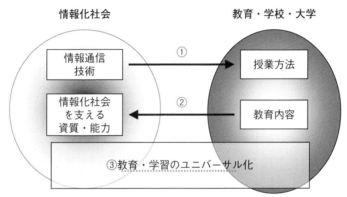

図1　情報化社会と教育・学校・大学との関係

1）情報通信技術（ICT）の活用

　まず，情報通信技術（ICT）の発展は，学校における教育課程・授業をより豊かで効果的にすることができる。

　情報通信技術の発展は何よりも，処理し得る情報量とその操作可能性を飛躍的に増加させた。これまでと比べて遥かに情報量の多い音声や画像を授業で用いる教材とすることができる。それによって複雑な物理現象や，あるいは通常の経験では見られない現象を学習者は疑似体験し，直観的に把握することができる。

　また情報通信技術は高い再現性を持つから，学習者は一定の授業・教材を必要に応じて何回もみることによって，学習を確実にすることがで

きる。それは個人がその必要に応じて学習を進めることをも可能とする。こうした意味で学級集団における一括した学習を，個別の到達度に応じた学習によって補うことも可能となる。

　こうした可能性はより詳しく具体的に，初等中等教育については本書の3章，4章，5章において，大学教育については7章，8章で論じられる。

2）情報化社会の基盤となる知識・技能の形成

　他方で学校教育は情報化社会を担い，発展させる人材を養成することによって，情報化社会を支える役割を果たす。

　情報通信技術のハードウェア，ソフトウェアを開発・発展させていく，情報関連の人材の養成が重要であることは言うまでもない。大学や専門学校では特に情報関連分野の専門人材の養成課程の拡充が望まれている。また数理，データサイエンスに関する基本的な素養を，小中学校あるいは大学の教育課程に組み込むことも提起されている。そして情報化社会においては，一般に情報にアクセスし，利用していく能力が必要になることは言うまでもない。これは一般に「メディア・リテラシー」と言われる能力に対応する。これについては特に初等中等教育との関連において，本書の第10章以降で解説される。

　しかし必要なのはそうした意味での狭い情報技術知識だけなのではない。情報化社会は「情報通信技術そのものだけでなく，それを支えるハードウェア，ソフトウェア，そして情報の内容などによって成り立っている。そしてそれを動かすのは，その各々について高度の知識や理論を持った人々である。特にグローバル化した情報化社会で活躍する人材が社会の発展の中軸となる。」（中央教育審議会，2018），「Society 5.0を牽引するための鍵は，技術革新や価値創造の源となる飛躍知を発見・創造す

る人材と，それらの成果と社会課題をつなげ，プラットフォームをはじめとした新たなビジネスを創造する人材である」（文部科学省大臣懇談会『Society 5.0 に向けた人材育成』2018）。そのために「産業界からは，より高度かつ実践的・創造的な職業教育や，成長分野等で必要とされる人材養成の強化も期待されており，高等教育機関全体としてその期待に応えていくための機能強化を図ることが重要となっている。」

　さらに上述のように，情報化社会が大きく社会のあり方を変えるものであり，しかもそこに一定の不安定さ，不可測性が含まれているものとすれば，むしろ幅広い能力や判断力をつけることがきわめて重要になってくる。「これからの時代に求められるのは，個々の能力・適性に合った専門的な知識とともに，幅広い分野や考え方を俯瞰して，自らの判断をまとめ，表現する力を備えた人材である。また，求められる人材は一様ではなく，むしろそれぞれが異なる強みや個性を持った多様な人材によって成り立つ社会を構築することが，社会全体としての各種変化に対する柔軟な強靱さにつながるものである」（国立大学協会，2018）。

　このように考えてみれば，情報化社会においてどのような人間像が望まれるか，が問題となる。これについてはさらに第 3 節で述べる。

3）教育・学習のユニバーサル化

　いま一つの重要な側面は，情報化社会では産業・社会構造の変化が常態化するために，個人の知識・技能は常に陳腐化する恐れがあることである。またそのような社会では若者が将来について抱くキャリア像も具体的なものになりにくい。キャリア像を持つことは重要だとしても，それを常に修正し，それに応じた知識技能を獲得することもきわめて重要になるのである。また若年期に何らかの理由で十分な教育機会を与えられていなかった人が，社会に入ってから教育・学習の機会を与えられる

ことは，きわめて重要である。

　こうした意味で，社会に出た人々が常に学習をする機会が与えられていることが，個々の個人の自己実現に不可欠であるばかりでなく，社会全体としても大きな社会変化に耐え，新しい社会発展を実現するうえでも重要である。

　情報技術の発展はこうしたニーズを実現する可能性を拓く。インターネットなどの利用によって，個人は大学・学校への通学という，地理的・空間的・時間的制約に縛られることなく学習の機会を与えられる。その意味で，社会と学校・大学を隔てる壁は低くなり，いわば教育・学習のユニバーサル化が進む可能性が生じるのである。

　以上の3つの側面は，初等中等教育と高等教育で異なる。本書では初等中等教育について，1）の情報技術教育の活用の側面を3，4，5，6章で，また2）の情報化社会で要求される資質について，7章以下で考える。高等教育については1）と2）について第7章で，そして3）の情報化社会における教育・学習の開放化について第8章で述べる。

3．情報化社会の人間像

　ところで以上に述べたように，情報化社会は教育の新たな可能性を拓くとともに，その形成に教育がきわめて重要な役割を果たす。そして情報化社会では従来の学校・大学の枠を越えて教育と学習が行われる社会になる。それは一見してバラ色の世界であるかに見えるが，しかし情報化社会が進展するからこそ，考えておかねばならない問題もある。

1）情報化社会の隘路

　情報化社会は個人にとって，国を越えて様々な情報がきわめて容易に入手し得る社会である。社会としてみれば，色々な情報が，様々な形で

多元的に集積されている。同時に個人間のコミュニケーションの手段が
きわめて多様になり，従来の地域や職場を超えて，多様な個人間のネッ
トワークが作られる。その中で個人は，仕事や生活に必要な情報を入手
するとともに，他の個人とのコミュニケーションを通じて，本来の文化
的な要求を満たすことができる。モノの消費を超えて，直接に自分が欲
する人間関係や満足感を得る環境が生じつつあるのである。そうした環
境を十分に利用して自らを成長させ，物質的にも精神的にも豊かな生活
を送る可能性が生じているとも言えよう。

　しかし他方で，そうした環境の中で，自分が何を本当に欲しているの
かは，実は多くの人にとって明らかではない。その中で様々な情報が容
易に提供されるということは，むしろ個人の中に混乱を生じさせる原因
にもなる。現実の多様性，変化が，むしろ個人の視野を幻惑させるので
ある。そしてそれは，これから成長しようとする若者に特に重要な影響
を与える。情報化社会とは，スマホを一日中いじりまわしていることを
意味しているのであるとすれば，それはむしろきわめて限られた世界に
それだけの時間を閉じ込めていることを意味する。

　情報化社会の若者，特に先進国にいる彼らは，一応は充足した生活を
送り，多様な可能性を与えられながら，むしろそれ故に，自分の将来に
ついて見通しを持ちにくくなっているとも言える。そうした意味で，個
人としての成長は，むしろ難しくなっているとも言える。しかも一定の
キャリアに入ったとしても，激しい流動性の中で，また常に自らの置か
れた立場を見直し，自分の将来を見通していくことが求められる。

2）主体性を支える力

　情報化社会では，個人の主体性があらためて重要となる。文科省に置
かれた懇談会はこう言っている。「Society 5.0 において我々が経験する

変化は，これまでの延長線上にない劇的な変化であろうが，その中で人間らしく豊かに生きていくために必要な力は，これまで誰も見たことがない特殊な能力では決してない。むしろ，どのような時代の変化を迎えるとしても，知識・技能，思考力・判断力・表現力をベースとして，言葉や文化，時間や場所を超えながらも自己の主体性を軸にした学びに向かう一人ひとりの能力や人間性が問われることになる。」（文部科学省大臣懇談会『Society 5.0 に向けた人材育成』2018）

　問題はこのような意味での主体性をどのように形成するかにある。情報通信技術はそのままではこうした課題に答えることは難しい。その意味で情報化社会は情報通信技術のみで成り立つものではない。こうした意味で，学校や大学が個人の主体性，それを支える深い意味での自己認識，思考力・判断力，表現力，さらに基礎的な知識・技能をどのように形成するか，という教育本来の根本的問題が再び問われるのである。

3）相互作用としての学習

　そのような人間や教育についての根本的な課題をここで十分に論ずることはできない。しかし本章のテーマである，情報と教育という視点からいえば，次のような点を指摘することができよう。

　学習と情報をめぐる図式を考えてみよう。（次ページ図2）ここでは個人の知識能力は，①個別の具体的知識・技能，②汎用的知識能力，基礎学力，そして③自己認識からなっている。それは自然や社会，他の人たち，さらにはすでに蓄積された知識体系の影響を受けて行われるのである。そうした意味での成長は自然に生じることもある。しかし多くの場合はそれを意図的に行わねばならない。意図的に働きかけ，成長を支援していくことこそが「教育」の本質である。

　実際，人間は長い歴史の中で，特に必要な情報を社会に共有される知

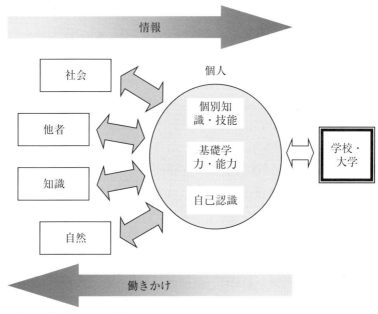

図 2　学習と環境，情報

識，あるいは文化として蓄積してきた。さらに学校教育が発達するにしたがって，教師は，特に重要だと思われる知識を分類，体系化して子どもに教えやすい形にした。それが学校における「教科」の始まりである。

　こうした学校教育のあり方は，近代になって確立したものである。しかしそうした教育のあり方に対しては批判も大きかった。その代表的な論者が19世紀から20世紀初頭においてアメリカで大きな影響力をもったジョン・デューイの議論である。彼は，知識として整理された情報をただ提供される，ということは，真の学習，そして成長とは結び付かない，と言う（デューイ；市村訳，1998）。

　子どもが社会や自然に対して働きかけることによって，様々なことを

学びとる能力を持っているし，それこそが真に有効な教育となり得るのだ，と主張している（デューイ；市村訳，2004）。そしてデューイの考え方はその後も強い影響力を持ち続け，現代にも及んでいる。

　しかし，教育が効果的であるためには，単に知識，情報が与えられるだけではなく，受け手の側がそれに興味を持ち，働きかける，という二つの力が交錯することによって，深い学習が成立する，という意味では，子供にも大学生にも違いはない。そうした意味で，自然，社会，あるいは学校・大学における教師と，生徒・学生との相互作用がやはり重要な意味を持っている。情報化社会でも，いや情報化社会であるからこそ，こうした相互作用がきわめて重要な意味を持つのである。

　情報化社会における学校と大学は，学習の背後にあるダイナミクスを意識し，活かしていくことが求められる。それが情報化社会という，一見バラ色の未来像の持つ脆弱性，危険性を支えるために不可欠な視点となる。

参考文献

閣議決定（2016）『科学技術基本計画』
閣議決定（2018）『未来投資戦略2018―「Society 5.0」「データ駆動型社会」への変革に向けて―』
中央教育審議会（2018）『第3期教育振興基本計画について（答申）』
文部科学省大臣懇談会（2018）『Society 5.0に向けた人材育成～社会が変わる，学びが変わる』
水野操（2016）『あと20年でなくなる50の仕事』，青春出版
国立大学協会（2018）『高等教育における国立大学の将来像（最終まとめ）』
日本私立大学連盟（2018）『未来を先導する私立大学の将来像』
横尾壮英（1999）『大学の誕生と変貌―ヨーロッパ大学史断章』東信堂
デューイ，J；市村尚久（訳）（1998）『学校と社会』講談社学術文庫
デューイ，J；市村尚久（訳）（2004）『経験と教育』講談社学術文庫

3 | 小学校における情報通信技術の活用

中川　一史

《**目標＆ポイント**》　情報化社会への対応とは，必ずしも，インターネットでメールを送ったり，有害情報の対処をしたりすることだけではない。この授業では，学習指導要領に見る情報化社会への対応と小学校の授業の実際および情報化社会に対応する小学校の取り組みについて紹介する。
《**キーワード**》　小学校，情報化社会，授業，カリキュラム

1. 小学校学習指導要領における情報通信技術の活用

　2020 年度実施の小学校学習指導要領解説総則編　第 3 章 教育課程の編成及び実施　第 3 節 教育課程の実施と学習評価　1 主体的・対話的で深い学びの実現に向けた授業改善　(3) コンピュータ等や教材・教具の活用，コンピュータの基本的な操作やプログラミングの体験 によると，以下のように示している。

　児童に第 1 章総則第 2 の 2 (1)に示す情報活用能力の育成を図るためには，各学校において，コンピュータや情報通信ネットワークなどの情報手段及びこれらを日常的・効果的に活用するために必要な環境を整えるとともに，各教科等においてこれらを適切に活用した学習活動の充実を図ることが重要である。また，教師がこれらの情報手段に加えて，各種の統計資料や新聞，視聴覚教材や教育機器などの教材・教具を適切に活用することが重要である。今日，コン

ピュータ等の情報技術は急激な進展を遂げ，人々の社会生活や日常生活に浸透し，スマートフォンやタブレット PC 等に見られるように情報機器の使いやすさの向上も相まって，子供たちが情報を活用したり発信したりする機会も増大している。将来の予測は困難であるが，情報技術は今後も飛躍的に進展し，常に新たな機器やサービスが生まれ社会に浸透していくこと，人々のあらゆる活動によって極めて膨大な情報（データ）が生み出され蓄積されていくことが予想される。このことにより，職業生活ばかりでなく，学校での学習や生涯学習，家庭生活，余暇生活など人々のあらゆる活動において，さらには自然災害等の非常時においても，そうした機器やサービス，情報を適切に選択・活用していくことが不可欠な社会が到来しつつある。

　そうした社会において，児童が情報を主体的に捉えながら，何が重要かを主体的に考え，見いだした情報を活用しながら他者と協働し，新たな価値の創造に挑んでいけるようにするため，情報活用能力の育成が極めて重要となっている。第 1 章総則第 2 の 2 (1) に示すとおり，情報活用能力は「学習の基盤となる資質・能力」であり，確実に身に付けさせる必要があるとともに，身に付けた情報活用能力を発揮することにより，各教科等における主体的・対話的で深い学びへとつながっていくことが期待されるものである。今回の改訂においては，コンピュータや情報通信ネットワークなどの情報手段の活用について，こうした情報活用能力の育成もそのねらいとするとともに，人々のあらゆる活動に今後一層浸透していく情報技術を，児童が手段として学習や日常生活に活用できるようにするため，各教科等においてこれらを適切に活用した学習活動の充実を図ることとしている。

　各教科等の指導に当たっては，教師がこれらの情報手段のほか，各種の統計資料や新聞，視聴覚教材や教育機器などの教材・教具の適切な活用を図ることも重要である。各教科等における指導が，児童の主体的・対話的で深い学びへとつながっていくようにするためには，必要な資料の選択が重要であり，とりわけ信頼性が高い情報や整理されている情報，正確な読み取りが必要な情報などを授業に活用していくことが必要であることから，今回の改訂において，各種の統計資料と新聞を特に例示している。これらの教材・教具を有効，適切に活用するためには，教師は機器の操作等に習熟するだけではなく，それぞれの教材・教具の特性を理解し，指導の効果を高める方法について絶えず研究することが求められる。

　（略）

　情報手段を活用した学習活動を充実するためには，国において示す整備指針等を踏まえつつ，校内の ICT 環境の整備に努め，児童も教師もいつでも使えるようにしておくことが重要である。すなわち，学習者用コンピュータのみならず，例えば大型提示装置を各普通教室と特別教室に常設する，安定的に稼働するネットワーク環境を確保するなど，学校と設置者とが連携して，情報機器を適切に活用した学習活動の充実に向けた整備を進めるとともに，教室内での配置等も工夫して，児童や教師が情報機器の操作に手間取ったり時間がかかったりすることなく活用できるよう工夫することにより，日常的に活用できるようにする必要がある。（略）

　このように，コンピュータや情報通信ネットワークなどの情報手段およびこれらを日常的・効果的に活用するための必要性や，教師の指導の効果を高める方法についての研究について言及している。

　これを受けて，小学校学習指導要領　国語　第3　指導計画の作成と内容の取扱い　2（1）ウ　では，

> （略）第3学年におけるローマ字の指導に当たっては，第5章総合的な学習の時間の第3の2の(3)に示す，コンピュータで文字を入力するなどの学習の基盤として必要となる情報手段の基本的な操作を習得し，児童が情報や情報手段を主体的に選択し活用できるよう配慮することとの関連が図られるようにすること。

　また，第3　指導計画の作成と内容の取扱い　2（2）では，

> （略）児童がコンピュータや情報通信ネットワークを積極的に活用する機会を設けるなどして，指導の効果を高めるよう工夫すること。

としている。
　小学校学習指導要領　算数　第3　指導計画の作成と内容の取扱い　2　では，

> (1)　思考力，判断力，表現力等を育成するため，各学年の内容の指導に当たっては，具体物，図，言葉，数，式，表，グラフなどを用いて考えたり，説明したり，互いに自分の考えを表現し伝え合ったり，学び合ったり，高め合ったりするなどの学習活動を積極的に取り入れるようにすること。
> (2)　数量や図形についての感覚を豊かにしたり，表やグラフを用いて表現する力を高めたりするなどのため，必要な場面においてコンピュータなどを適切に活用すること。（略）

としている。

　さらに，小学校学習指導要領　理科　第 3　指導計画の作成と内容の取扱い　2　では，

---

(2) 観察，実験などの指導に当たっては，指導内容に応じてコンピュータや情報通信ネットワークなどを適切に活用できるようにすること。(略)

としている。

　このように，各教科・領域において，コンピュータや情報通信ネットワークなどの活用について言及されている。

2．情報通信技術の活用事例

　では，小学校においてどのような情報通信技術の活用事例があるだろうか。

1）知識・理解の補完

（事例 1）小 4・算数「立体図形」

　立体図形について，面の形に着目して分類し，分類した立体図形の特徴を見い出すことをねらいとしている。単元全 9 時間のうち，第 1 次（4 時間）では，グループで立体の分類とともに，直方体，立方体の性質を捉える活動を行う。第 2 次（3 時間）では，見取り図や展開図を書く活動である。第 3 次（2 時間）では，平面や空間にある点の位置の表し方について学習を行う。本時は，第 1 次の 2/4 時間で，グループで立体図形を分類し，直方体や立方体の性質を分類しながら捉え，階層化してま

とめる。第1階層に立体図形を撮影し分類，第2階層に特徴，第3階層に特徴の説明を写真や言葉で追加するというルールを設定した。写真を撮影し書き込みをしたり，階層全体を俯瞰したりして，類似点や相違点から立体の特徴を見出した。

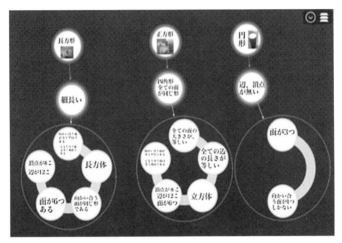

写真1　活動の様子

2）技能の習得

（事例2）小5・理科「メダカを育てよう」

　動画クリップを視聴し，メダカの雌雄の区別や魚の誕生に対する科学

的理解を深めることができることをねらいとして，「メダカに卵を産ませよう」を学習課題に，全単元を各グループでの問題解決学習として行った。雌雄のメダカを選別するところから始まり，ペットボトル水槽でグループごとにメダカを実際に育てながら学習を進めた。各グループで学校放送番組や動画クリップを視聴したり観察をしたりして，第2～4時において問題解決学習を行った。この3時間は，授業の開始時や終了時に，一斉指導で学習内容の確認や振り返りをする以外は，各グループで追究計画に従い，学習を進めた。実体験と動画クリップを何度も往復することを通して，魚の誕生に対する科学的理解を深めることができた。

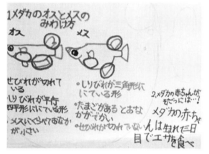

写真2　活動の様子

3) 思考力・判断力・表現力の育成

（事例3）小5・社会「災害に役立つメディアを考えよう」

　放送，新聞などの情報産業（メディア）が，わたしたちの生活に大きな影響をおよぼしていることやメディアを通した情報の有効な活用が大切であることに関して考えることができることをねらいとした。学習ゴールをグループごとに災害時に役立つメディアを一つ決め，理由を付けて説明をすることとした。そこで，各メディアについて，グループを解体し，新聞，テレビ，ラジオ，インターネットの4つの専門グループ

でジグソー学習的に追究活動を行った。各専門グループで調べたことを元のグループで共有し，各メディアの特徴を整理し，災害時に役立つメディアについて話し合った。専門グループで調べたことを「E-VOLVOX」のプレートに書き込み，集まった4つのメディアの特徴を各グループで共通点や相違点を見出しながら，関連する内容をつなげたり階層にしてまとめたりした。そして，災害時に役立つメディアについて，グループで話し合い，根拠をはっきりさせて結論を導くことにした。

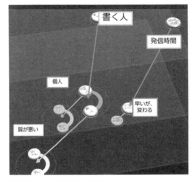

写真3　活動の様子

（事例4）小6・社会「信長・秀吉・家康と天下統一」

　社会科における主体的な学びを促すために，学校放送 NHK for school『Q〜子どものための哲学』『歴史にドキリ』の視聴を行い，対話スキルや情報活用能力の習得を目指した。その際に，学習者用コンピュータを活用することで，学習意欲の向上や対話による学習の深まりといったものが見られるようになった。また，戦国時代の始まりの様子を視聴して，どのような時代が始まるのかをイメージできるようにした。

　二人2台の学習者用コンピュータを使用し，個人思考や情報共有といった目的に応じて使うことができるようにした。（図1）

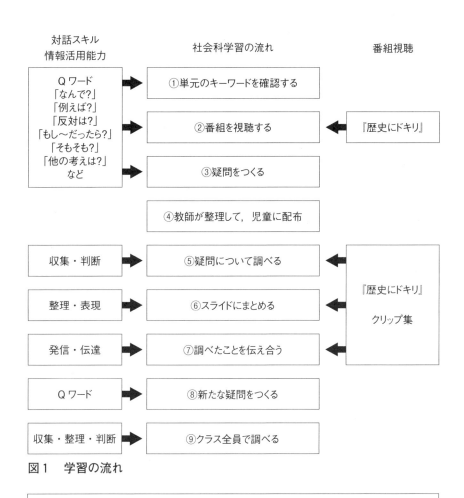

図1　学習の流れ

対話スキル「なんで？」で考えた疑問（一部）

○織田信長

「なんで，室町幕府を滅ぼしたの？」

○豊臣秀吉

「なんで武士・町人と百姓の住む場所を分けたの？」

○徳川家康

「信長や秀吉は関西なのに，なんで家康は関東に城をつくったの？」

　調べる中で抱いた新たな疑問を全体で共有し，既に収集した情報で説明できる疑問と，新たに調べる必要がある疑問とを対話を通して分類した。（写真4）

写真4　学習活動の様子

（事例5）小6・総合的な学習の時間「メディアとの上手な付き合い方を考えよう」

　児童たちは，スマホやタブレットなどのメディアを使って様々な情報を収集することに慣れている。調べ学習をする際にもインターネットを使って調べようとする児童が多く，また，タブレットを使った学習でも意欲的に学習する児童の姿が多く見られる。このように，児童にとって身近な物であるが，このメディアとの上手な付き合い方がわからずに，トラブルになる事例も近年増加している。そこで，「スマホと上手に付き合う方法を考えよう！」という課題をもとに，情報を収集し，スマホの利便性と危険性の両方の情報を元に，「スマホとどう付き合うべきか」についての自分の考えをまとめ，さらに，外部講師との交流を通して，その都度自分の考えをまとめ直した。（写真5）

写真 5　学習活動の様子

実践情報及び資料提供：

事例 1，2，3：菊地　寛氏（浜松市立雄踏小学校）

事例 4，5：藤木　謙壮氏（備前市立日生西小学校）

3．情報通信技術の活用における留意点

　小学校において，情報通信技術を活用するうえで，どのような留意点があるだろうか。

1）ICT と非 ICT の「選択」と「組み合わせ」を検討する

　様々な学習活動では，画用紙や模造紙，紙のカードや実物など，従来の非 ICT ツールと，学習者用コンピュータ，電子黒板などの大型提示装置，あるいはデータを転送・共有できる授業支援ソフトなどと組み合わせて活用することになる。いつ，どの場面でどのような選択を行うのか，どのように組み合わせるのか，そこをしっかり検討しつつ，活用していくことが重要となる。あくまでも ICT の活用は，学びを拡張するものであると考える。（次ページの図 2）

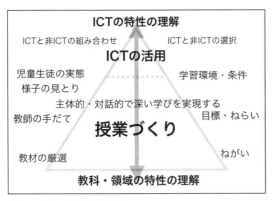

図2　学びを拡張する ICT

2）学級差ができない配慮を検討する

　ICT に詳しいか，興味があるかなど，教師の個人差で，各学級での ICT 活用頻度が著しく偏ることがある。学習効果に大きく影響することもあるので，学年内では教師同士情報交換を密に行う必要がある。

3）児童からの見えやすさ，見えにくさを意識する

　電子黒板などの大型提示装置を使用する場合，教室の隅の場所からでも見えるかどうかを確認することが重要である。教師は電子黒板などの大型提示装置のそばで操作するので，一番見やすい場所にいる。児童からどう見えるのかの確認が必要である。

4 | 中学校における情報通信技術の活用

中川　一史

《**目標＆ポイント**》　この授業では，学習指導要領に見る情報化社会への対応と情報化社会に対応する中学校の取り組み，および中学校での情報化社会に関する授業の実際やカリキュラムのあり方について紹介する。
《**キーワード**》　中学校，情報化社会，授業，カリキュラム

1．中学校学習指導要領における情報通信技術の活用

　2021年度実施の中学校学習指導要領　第1章　総則　第3　教育課程の実施と学習評価　1　主体的・対話的で深い学びの実現に向けた授業改善　(3) によると，「(略) 情報活用能力の育成を図るため，各学校において，コンピュータや情報通信ネットワークなどの情報手段を活用するために必要な環境を整え，これらを適切に活用した学習活動の充実を図ること。また，各種の統計資料や新聞，視聴覚教材や教育機器などの教材・教具の適切な活用を図ること。」としている。
　また，国語　第3　指導計画の作成と内容の取扱い　2 (2) では，「(略) 内容の指導に当たっては，生徒がコンピュータや情報通信ネットワークを積極的に活用する機会を設けるなどして，指導の効果を高めるよう工夫すること。」と促している。
　社会　第3　指導計画の作成と内容の取扱い　2 (2) では，「情報の収集，処理や発表などに当たっては，学校図書館や地域の公共施設などを活用するとともに，コンピュータや情報通信ネットワークなどの情報

手段を積極的に活用し，指導に生かすことで，生徒が主体的に調べ分かろうとして学習に取り組めるようにすること。その際，課題の追究や解決の見通しをもって生徒が主体的に情報手段を活用できるようにするとともに，情報モラルの指導にも留意すること。」と，生徒が調べる際の留意点を示している。

　数学　第2　各学年の目標及び内容〔第1学年〕　2　内容　D　データの活用　(1) では，「データの分布について，数学的活動を通して，次の事項を身に付けることができるよう指導する。」としながら，「ア　(イ) コンピュータなどの情報手段を用いるなどしてデータを表やグラフに整理すること。」と，知識及び技能を身に付けることについて示している。

　音楽に関しては，第3　指導計画の作成と内容の取扱い　2　(1) エで，「生徒が様々な感覚を関連付けて音楽への理解を深めたり，主体的に学習に取り組んだりすることができるようにするため，コンピュータや教育機器を効果的に活用できるよう指導を工夫すること。」としている。

　さらに，総合的な学習の時間においても，第3　指導計画の作成と内容の取扱い　2　(3) で，「探究的な学習の過程においては，コンピュータや情報通信ネットワークなどを適切かつ効果的に活用して，情報を収集・整理・発信するなどの学習活動が行われるよう工夫すること。その際，情報や情報手段を主体的に選択し活用できるよう配慮すること。」としている。

2. 情報通信技術の活用事例

　では，中学校においてどのような情報通信技術の活用事例があるだろうか。

1）知識・理解の補完

（事例 1）中 2・理科「生物の体と細胞」（生物分野）

　生物の組織などの観察を行い，生物の体が細胞からできていること，および植物と動物の細胞のつくりの特徴を見出す。動物細胞と植物細胞では異なる部分があるのだが，それはどうしてそのような違いがあるのか。資料を参考にしながら推論する学習では，教科書だけでは難しい。そこで Web 図鑑等を使って教科書には載っていないことも資料として読み，それらを踏まえて自分たちなりに予想を立てる。

写真 1　活動の様子

（事例 2）中 3・英語「I Have a Dream」

　関係代名詞について学んだ Lesson の後でキング牧師についての読み物を読み，キング牧師についての "I Have a Dream" の演説やバスボイコット事件についての動画や関連する Web サイト，PDF などの資料を学習者のタブレットに配信する。教科書の内容について，資料を参照することにより，さらに掘り下げて学び，理解を深めることができる。

50

図1　生徒が調べた画面

2）技能の習得

（事例 3）中 1・理科「光による現象」（物理分野）

　凸レンズがつくる像の位置や大きさ・向きが，物体と凸レンズとの距離で決まることを見出す。また，動画クリップを視聴しながら実験器具の操作を習得する。繰り返し再生できるので，班ごとに視聴させる。全体の様子を見ながら，必要な場合は教師が助言を与える。

写真 2　活動の様子

（事例 4）中 1・英語「自己紹介をしよう」

　無料のアプリを用いて発音練習を行う。さらに，カメラで自分の画像を撮影しながら練習する。発音した英単語や英文が自動的にテキスト化されるので学習者自身で発音のチェックができる。発音がうまく認識されなかった場合にビデオで口の形を見直しながら発音を修正することが

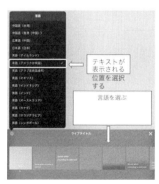

写真 3　活動の様子

できる。教員もビデオを見ながら指導を行う。認識された発音が自動的にテキスト化されるので簡単に発音チェックができる。

3）思考力・判断力・表現力の育成

（事例5）中1・理科「地層のでき方」（地学分野）

　寒天地層を使って地中の見えない部分の地層の重なりについて，限られたデータをもとに推測することができる。寒天ボーリングしたものを撮影し，その取り込んだ画像に補助線を入れることで離れた場所の地層のつながりを表現できる。タブレット端末なので，繰り返し撮影，書き込みや書き直しなどが容易にでき，納得する説明資料を作ることができる。また，学習支援アプリ上での操作なので，電子黒板に転送し，全体共有等も容易にできる。

写真4　活動の様子

（事例6）中3・英語「ディスカッションをしよう」

　身近な問題である「スマートフォンの良い点・悪い点」について自分の考えをまとめ，オンライン英会話の先生に考えを伝える。アプリ（E-VOLVOX，スズキ教育ソフト）に自分の考えを階層化して整理し，自分の意見（その根拠や理由―事例など）のポイントを階層化して思考

整理することにより論理立てて文章を組み立てたり，話したりすること
ができる。

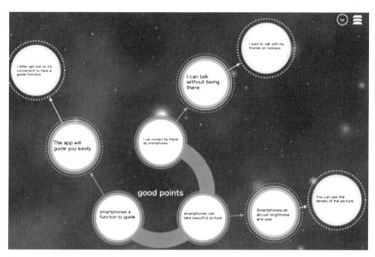

図2　活用したアプリ

実践情報及び資料提供：

事例1，3，5：岩崎　有朋氏（岩美町立岩美中学校）

事例2，4，6：反田　任氏（同志社中学校）

3．情報通信技術の活用における留意点

　中学校において，情報通信技術を活用する上で，どのような留意点が
あるだろうか。

1）ICT と非 ICT の「選択」を吟味する

　非 ICT ツールで活動することに意味があるならば，あえてそちらを
優先する。例えば，理科の天体の運動のように時間的な課題を解消する
ものや，社会の微細な現象の動画のように学校の環境では難しいものを

わかりやすく視聴するなどの場面では情報通信技術が有効だが，片栗粉と塩といった白色粉末の手触りなどはリアルな感覚を優先すべきである。

2) ただ撮るだけで終わらせない

カメラ機能を使う場合，何度も試行錯誤させ，誰が見ても納得するような写真を撮らせるなど，撮影したものを使って説明させる場面などをイメージさせることで，ただ撮るだけではなく，活用の意図を考えた上での撮影になる。

3) 全員が操作できる機会を作る

グループに1台のタブレットの場合，使う生徒が限定されないように，何度か操作を行う場面を意図的に設定し，その都度操作する生徒を交代させる。ICT機器に興味があるなしに関わらず，経験させるためである。

4) 学校全体で情報共有する

中学校は，教科担任制の場合が多く，教科間でどのようなICTの活用をしているか，情報共有がしにくいことが考えられる。他教科で生徒がどの程度スキルを向上させているかを情報共有することは，どこまで活用できるかを検討する上で重要である。

5 | 高等学校における情報通信技術の活用

中川 一史

《**目標＆ポイント**》　この授業では，学習指導要領に見る情報化社会への対応と情報化社会に対応する高等学校の取り組み，および高等学校での情報化社会に関する授業の実際やカリキュラムのあり方について紹介する。
《**キーワード**》　高等学校，情報化社会，授業，カリキュラム

1. 高等学校学習指導要領における情報通信技術の活用

　2022 年実施の高等学校学習指導要領では，情報通信技術の活用について，各教科で触れられている。

　例えば，第 1 章 総則　第 3 款 教育課程の実施と学習評価　1 主体的・対話的で深い学びの実現に向けた授業改善では，「(3) 第 2 款の 2 の(1)に示す情報活用能力の育成を図るため，各学校において，コンピュータや情報通信ネットワークなどの情報手段を活用するために必要な環境を整え，これらを適切に活用した学習活動の充実を図ること。また，各種の統計資料や新聞，視聴覚教材や教育機器などの教材・教具の適切な活用を図ること。」と，環境整備にも言及している。

　各教科では，例えば，第 2 章 各学科に共通する各教科　第 1 節 国語第 3 款 各科目にわたる指導計画の作成と内容の取扱い　2 では，「(3) 生徒がコンピュータや情報通信ネットワークを積極的に活用する機会を設けるなどして，指導の効果を高めるよう工夫すること。」としている。また，第 2 節 地理歴史　第 3 款 各科目にわたる指導計画の作成と内容

の取扱い　2　では，「(4)　情報の収集，処理や発表などに当たっては，学校図書館や地域の公共施設などを活用するとともに，コンピュータや情報通信ネットワークなどの情報手段を積極的に活用し，指導に生かすことで，生徒が主体的に学習に取り組めるようにすること。その際，課題の追究や解決の見通しをもって生徒が主体的に情報手段を活用できるようにするとともに，情報モラルの指導にも留意すること。」としている。

　第4節　数学　第1　数学Ⅰ　2　内容　(3)　二次関数　では，「イ　次のような思考力，判断力，表現力等を身に付けること。」として，「(ア)　二次関数の式とグラフとの関係について，コンピュータなどの情報機器を用いてグラフをかくなどして多面的に考察すること。」としている。また，(4)　データの分析　では，「(イ)　コンピュータなどの情報機器を用いるなどして，データを表やグラフに整理したり，分散や標準偏差などの基本的な統計量を求めたりすること。」としている。第3　数学Ⅲ　2　内容　(1)　極限　イ　では，「(ウ)　数列や関数の値の極限に着目し，事象を数学的に捉え，コンピュータなどの情報機器を用いて極限を調べるなどして，問題を解決したり，解決の過程を振り返って事象の数学的な特徴や他の事象との関係を考察したりすること。」としている。

　また，第8節　外国語　第3款　英語に関する各科目にわたる指導計画の作成と内容の取扱い　2　では，「(8)　生徒が身に付けるべき資質・能力や生徒の実態，教材の内容などに応じて，視聴覚教材やコンピュータ，情報通信ネットワーク，教育機器などを有効活用し，生徒の興味・関心をより高めるとともに，英語による情報の発信に慣れさせるために，キーボードを使って英文を入力するなどの活動を効果的に取り入れることにより，指導の効率化や言語活動の更なる充実を図るようにすること。」としている。

「情報」では，内容そのものが情報通信技術に関することになる。例えば，第 10 節　情報　第 2 款　各科目　第 1　情報 I　1　目標　では，以下のように示されている。

　情報に関する科学的な見方・考え方を働かせ，情報技術を活用して問題の発見・解決を行う学習活動を通して，問題の発見・解決に向けて情報と情報技術を適切かつ効果的に活用し，情報社会に主体的に参画するための資質・能力を次のとおり育成することを目指す。

（1）効果的なコミュニケーションの実現，コンピュータやデータの活用について理解を深め技能を習得するとともに，情報社会と人との関わりについて理解を深めるようにする。

（2）様々な事象を情報とその結び付きとして捉え，問題の発見・解決に向けて情報と情報技術を適切かつ効果的に活用する力を養う。

（3）情報と情報技術を適切に活用するとともに，情報社会に主体的に参画する態度を養う。

　内容としては，例えば，（3）コンピュータとプログラミング　では，以下のように示されている。

　コンピュータで情報が処理される仕組みに着目し，プログラミングやシミュレーションによって問題を発見・解決する活動を通して，次の事項を身に付けることができるよう指導する。

ア　次のような知識及び技能を身に付けること。
（ア）コンピュータや外部装置の仕組みや特徴，コンピュータでの

情報の内部表現と計算に関する限界について理解すること。

（イ）アルゴリズムを表現する手段，プログラミングによってコンピュータや情報通信ネットワークを活用する方法について理解し技能を身に付けること。

（ウ）社会や自然などにおける事象をモデル化する方法，シミュレーションを通してモデルを評価し改善する方法について理解すること。

イ　次のような思考力，判断力，表現力等を身に付けること。

（ア）コンピュータで扱われる情報の特徴とコンピュータの能力との関係について考察すること。

（イ）目的に応じたアルゴリズムを考え適切な方法で表現し，プログラミングによりコンピュータや情報通信ネットワークを活用するとともに，その過程を評価し改善すること。

（ウ）目的に応じたモデル化やシミュレーションを適切に行うとともに，その結果を踏まえて問題の適切な解決方法を考えること。

2．情報通信技術の活用事例

　では，高等学校においてどのような情報通信技術の活用事例があるだろうか。

1）知識・理解の補完

（事例1）高1・国語総合「徒然草　仁和寺にある法師」

　古文を読んで，そこから読み取った情報を可視化し，的確に内容を読み取れているかを確認するために，地図に法師が歩いた道順と歩くべきであった道順を記入した。地図を使用することによって，古文であるが，

生徒は抵抗感なく取り組むことができ，ただ現代語訳をしていくだけよりも興味を持って取り組むことができた。このように道順を地図に書き込むことで，グループの全員がイメージを共有することができ，話し合いに積極的に取り組むことができるようになった。

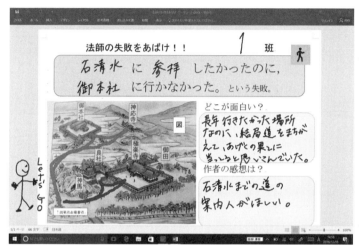

図1　生徒の書き込みの様子

（事例2）高1・外国語「コミュニケーション英語I」

　英語の授業において，教科書の指導で授業時間をほぼ費やしてしまうことが多く，生徒の活動の時間がなかなか確保できないという現状があった。教科担任は，学習内容に関連する文章を，生徒が自分で考える学習活動が重要と考えていたが，授業時間にはその時間が確保できなかった。そこで，課題を配信し，生徒は動画教材を家庭から視聴して課題に取り組む家庭学習を行うことにした。

　教材を準備する教員，視聴と課題作成を行う生徒の双方にとって，負担が大きいと継続につながらないため，教材は週末ごとの配信とし，生

徒は土日の間に課題に取り組み，月曜日に提出する，という形式にした。教材の作成についても，事前準備を不要にし，紙に手書きで文章を書きながらスマホでそのまま撮影する方法をとった。

写真1　生徒の書き込みの様子

2）技能の習得

（事例3）高2・家庭科「家庭基礎」

　家庭科の実習において，事前に生徒に動画を視聴させることで，実習で行う作業内容を明確にする。動画はクラウドストレージに教科ごとに共有フォルダを作成し，生徒が学校でも自宅からでも視聴できるようにしておく。

　実習中，この事前学習動画を見ている生徒は，効率的に作業を行うことができ，動画を視聴していない生徒群に比べ，作業が中断してしまうことが少なく，実習時間は大幅に削減され，さらに提出された作品の評価もとても高くなった。

写真 2　生徒の活動の様子

（事例 4 ）高 3 ・情報科（専門教科）「ネットワークシステム」

　教員が教材として事前に動画を作成しておくだけでなく，細かい作業の場面を拡大しながらテレビ等に投影して中継するのも効果がある。教卓にクリップスタンドでスマホを固定し，カメラアプリで手元を映す。その映像は転送装置が接続されたテレビに無線で中継される。さらに中継しながら撮影も同時に行うことで，欠席していた生徒が参照でき，また，再度見たいという生徒の要望にも答えることができた。

写真 3　授業の様子

3）思考力・判断力・表現力の育成

（事例5）高2・現代文B「デューク」

　「デューク」という小説を読んで，感想文を書くという目標を掲げた，その前段階として，情報を整理するために本文からキーワードを拾い，マッピング機能を利用してそれをつなげるという活動を行った。ただ感想文を書くだけでは，何を書いたらよいのかわからなかったり，話題が逸れてしまったりする生徒がいる。しかし，マッピングを利用することで，必要なキーワードを拾い出すことができ，物語の内容に沿った感想を書きやすくなった。キーワードを並べ，整理することで，どこを中心として感想文を書くのかを考えることができ，それぞれの生徒の個性の出る感想文となった。また，友人のマップを共有することによって，自分で拾うことができなかったキーワードや単語同士のつながりに気付くことができた。そのことによって，より思考を深め，構成を考えながら感想文を書くことができた。

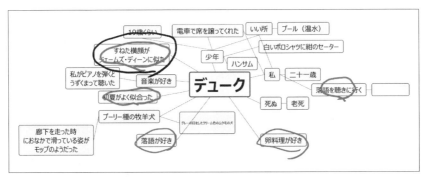

図2　生徒の書き込みの様子

（事例6）高3・国語表現「ブレーンストーミング」

　「購買の売り上げを伸ばすにはどうしたらよいか。」について考え，各

自のタブレットにアイデアをカードとしてなるべく多く出す。その後，グループとなり，タブレット4台を画面合体させ，話し合いをしながらアイデアを縦軸（集客力），横軸（コスト）に従って分類する。その上でグループとして最もよいと考えるアイデアを一つ決め，ブレーンストーミングを行った画面を電子黒板に拡大提示し，全体で発表する。生徒の振り返りを分析すると，タブレット上で情報を動かすことで，紙上よりも動かしやすく，情報が見やすくなるため，情報を整理する活動に役立つと考えられる。

写真4　活動の様子

実践情報及び資料提供：

事例2，3，4：永野　直氏（千葉県総合教育センター，実践時：千葉
　　　　　　　県立袖ケ浦高等学校）

事例1，5，6：小田部　明香氏（茨城県立大洗高等学校）

3. 情報通信技術の活用における留意点

　高等学校において，情報通信技術を活用するうえで，どのような留意点があるだろうか。

1）思考の可視化を促すツールとしての活用を検討する

　一斉指導場面で考えを深めているときには，論点整理はとても重要だ。その整理をするツールになるのが，例えば黒板である。板書により，生徒の考えが整理され，されに議論が活発になる例は少なくない。つまり，思考の可視化がうまくできている，ということだ。思考の可視化とは，頭の中にある思いや考えを視覚的に表すことをいう。問題はそこで情報を共有し，そこに書かれた（描かれた）ものを基にお互いに考えを深めることができるかどうかにある。情報共有の場で活用できるツールはICT だけではない。例えば黒板，ホワイトボード（ミニ黒板），ワークシート，付箋紙など，非 ICT のツールを授業に活かしている教師が多い。

　しかし，大型提示装置やタブレット端末などの学習者用コンピュータがからむと，動的なツールとなる。例えば，ある箇所を拡大したり，動かしたり，写真の上に書き込んだり，消したりすることができる。また，保存ができることで，前時のデータをすぐに提示して，考えを比較するなども自在にできる。さらに，転送することで考えの共有をはかることができ，その活動の幅は広がる。

2）限りある機器を円滑に活用できる工夫を

　徐々にではあるが，多くの地域においてデジタルテレビなどの拡大提示装置やタブレット端末，情報通信ネットワーク環境の整備が進んでいる。とは言うものの，各学校に十分な機器や設備が整っているかといえば，必ずしもそうではない。タブレット端末にしても，例えば生徒数1000 人の高等学校において 40 台では，積極的に使っていくには到底足りない。必要なソフト・アプリにしても，なかなか学校や自治体の予算では購入できないこともある。しかし，ないものねだりをしていても仕

方がない。校内で円滑に活用できる工夫や共通理解が必要である。

3）まずは同僚教員に使うことをすすめる

　ICT 機器はあくまでも道具である。しかし,「ここでどうして使った？」「意味はあるの？」と, ようやく重い腰を上げて使い始めたタイミングで何度も詰問されていくと, 苦手意識を持っている教員は萎縮して使わなくなってしまうかもしれない。道具は, はじめから流暢かつ適正に使えるものではないことは誰しも経験していることであろう。学習効果をとりたてるばかりではなく, どんどん使ってもらうべく雰囲気づくりをするのも重要だ。

　まずは新しい機器などを使おうとして授業の工夫にチャレンジしたことを誉め, 慣れてきた段階で, 活用意図やタイミング, 従来の教材・教具との比較について, 十分に検討してもらうプロセスが必要であろう。実態を見極めたアプローチが重要だと考える。

6 | 特別支援学校における
情報通信技術の活用

中川　一史

《**目標＆ポイント**》　この授業では，学習指導要領に見る情報化社会への対応と情報化社会に対応する特別支援学校の取り組み，および特別支援教育での情報化社会に関する授業の実際やカリキュラムのあり方について紹介する。
《**キーワード**》　特別支援学校，情報化社会，授業，カリキュラム

1．特別支援学校学習指導要領における情報通信技術の活用

　2018 年公示の特別支援学校教育要領・学習指導要領解説総則編（幼稚部・小学部・中学部）　第 3 編　小学部・中学部学習指導要領解説　第 2 章 教育課程の編成及び実施　第 3 節 教育課程の編成　3 教育課程の編成における共通的事項　(3) 指導計画の作成等に当たっての配慮事イ 個別の指導計画の作成　(イ) 指導方法や指導体制の工夫　によると，「(略) コンピュータ等の情報手段は適切に活用することにより個に応じた指導の充実にも有効であることから，今回の改訂において，指導方法や指導体制の工夫改善により個に応じた指導の充実を図る際に，第 1 章総則第 4 節の 1 の(3)に示す情報手段や教材・教具の活用を図ることとしている。情報手段の活用の仕方は様々であるが，例えば大型提示装置で教師が教材等をわかりやすく示すことは，児童生徒の興味・関心を喚起したり，課題をつかませたりする上で有効である。さらに，学習者用コンピュータによってデジタル教科書やデジタル教材等を活用すること

により個に応じた指導を更に充実していくことが可能である。その際，学習内容の習熟の程度に応じて難易度の異なる課題に個別に取り組ませるといった指導のみならず，例えば，観察・実験を記録した映像や実技の模範を示す映像，外国語の音声等を，児童生徒が納得を得るまで必要な箇所を選んで繰り返し視聴したり，分かったことや考えたことをワープロソフトやプレゼンテーションソフトを用いてまとめたり，さらにそれらをグループで話し合い整理したりするといった多様な学習活動を展開することが期待される。

　なお，コンピュータや大型提示装置等で用いるデジタル教材は教師間での共有が容易であり，教材作成の効率化を図ることができるとともに，教師一人一人の得意分野を生かして教材を作成し共有して，さらにその教材を用いた指導についても教師間で話し合い共有することにより，学校全体の指導の充実を図ることもできることから，こうした取組を積極的に進めることが期待される。（略）」としている。

　デジタル教科書に関しては，文部科学省から 2018 年に公開された「学習者用デジタル教科書の効果的な活用の在り方等に関するガイドライン」において，「特別な配慮を必要とする児童生徒等の学習上の困難の低減」で「教科書の内容へのアクセスを容易にする」例として，以下の項目を挙げている。

---

　①　学習者用デジタル教科書を学習者用コンピュータで使用することにより，文字の拡大，色やフォントの変更等により画面が見やすくなることで，一人一人の状況に応じて，教科書の内容を理解しやすくする。

　②　学習者用デジタル教科書を学習者用コンピュータで使用することにより，音声読み上げ機能等を活用することで，教科書の内容を

認識・理解しやすくする。

③　学習者用デジタル教科書を学習者用コンピュータで使用することにより，漢字にルビを振ることで，漢字が読めないことによるつまずきを避け，児童生徒の学習意欲を支える。

④　学習者用デジタル教科書を学習者用コンピュータで使用することにより，教科書の紙面をそのまま拡大させたり，ページ番号の入力等により目的のページを容易に表示させたりすることで，教科書のどのページを見るか児童生徒が混乱しないようにする。

⑤　学習者用デジタル教科書を学習者用コンピュータで使用することにより，文字の拡大やページ送り，書き込み等を児童生徒が自ら容易に行う。

　また，特別支援学校教育要領・学習指導要領解説自立活動編（幼稚部・小学部・中学部）第6章 自立活動の内容　2 心理的な安定　(3) 障害による学習上又は生活上の困難を改善・克服する意欲に関すること　③他の項目との関連例 では，「(略) LD のある児童生徒の場合，文章を読んで学習する時間が増えるにつれ，理解が難しくなり，学習に対する意欲を失い，やがては生活全体に対しても消極的になってしまうことがある。このようなことになる原因としては，漢字の読みが覚えられない，覚えてもすぐに思い出すことができないなどにより，長文の読解が著しく困難になること，また，読書を嫌うために理解できる語彙が増えていかないことも考えられる。こうした場合には，振り仮名を振る，拡大コピーをするなどによって自分が読み易くなることを知ることや，コンピュータによる読み上げや電子書籍を利用するなどの代替手段を使うことなどによって読み取りやすくなることを知ることについて学習することが大切である。(略)」としている。コンピュータを活用することが，学習上の困難を

乗り越え，意欲的に活動することができることに寄与している例である。

2．情報通信技術の活用事例

　では，特別支援学校においてどのような情報通信技術の活用事例があるだろうか。

1）知識・理解の補完

（事例1）小学部6年・社会「校外学習」【遠隔教育】

　特別支援学校（病弱）で入院している児童・生徒は生活制限を受けている。校外学習に出ている児童と外出できない児童をつなぎ，体験的な学びを実現するため Web 会議システムでつないだ授業。事前に遺跡の360度映像を複数枚用意し，「見たいところ」や「調べたいところ」を探索してシートにまとめた。校外学習当日遺跡を訪れた児童は，遺跡を見ながら気づいたことなどを伝え，それに対して質問するなどリアルタイムに映像を通してやりとりしながら観察した。Web 会議を利用して対話的な学び合いが行われ，新たな気づきや学びの深まりにつながった。写真1は，病室で画面越しにやり取りしている様子である。

　他の知識・理解の補完の例としては，国立大学法人兵庫教育大学（2013）発達障害のある子供たちのための ICT 活用ハンドブック特別支援学級編（以下「ハンドブック」）で，事前情報の提供（次ページの図1），

写真1　活動の様子

辞書アプリの活用（図2），個々の漢字練習の支援（次ページの図3）の
例が紹介されている。

図1　事前情報の提供

「遠足の事前学習をしよう」（出典：「発達障害のある子供た
ちのための ICT 活用ハンドブック特別支援学級編」）

図2　辞書アプリの活用

「辞書を使って漢字を調べよう」（出典：「発達障害のある子
供たちのための ICT 活用ハンドブック特別支援学級編」）

図3　個々の漢字練習の支援

「漢字を書こう」（出典：「発達障害のある子供たちのための
ICT活用ハンドブック特別支援学級編」）

2）技能の習得

（事例2）中学部1年・自立活動「顔を洗うにチャレンジ！」

　特別支援学校（知的）の中学部1年生6名を対象に，日常的な生活動作の課題を解決するための学習を展開した。このグループは日常生活の中で，一人で「洗顔」をすることに課題があることが確認された。そこで最初は教師が行う洗顔の様子を模倣することから学習を始めた。その様子をタブレット端末で動画撮影し，自分たちの洗顔の様子を振り返ることで課題把握できるよう努めた。その課題に取り組む中で，さらにNHK for School「ストレッチマンゴールド」（第5回　きれいに顔をあらおう）をタブレット端末で視聴しながら，一人ひとりの洗顔の動きを確認した。また，番組内と同じ教材を用いて，実際に洗顔の動きを確認し，技能の習得を目指した。（次ページの写真2）

写真2　活動の様子

　他の技能の習得の例としては，前述の「ハンドブック」で，話す練習
での活用（図4）の例が紹介されている。

子供の気持ち　「なんで、僕の言うこと分かってくれないの？」

①発音が不明瞭なことに気づいていないAさん。
話すのが好きなのに、相手に伝わりません。

②まずは、Aさんが話す様子をタブレットPCの
ビデオ機能を用いて録画しました。

③次に、ビデオを再生し、確認してもらいました。
すると、発音が不明瞭なことに気づいたAさん

④タブレットPCを用いて、自主的に練習する様に
なりました。

図4　話す練習での活用

「ビデオ機能を使って振り返ろう」（出典：「発達障害のある
子供たちのためのICT活用ハンドブック特別支援学級編」）

3）思考力・判断力・表現力の育成

（事例 3）中学部 2 年・自立活動「どちらが本物のストレッチだ!?」

　特別支援学校（知的）の中学部 2 年生 8 名を 2 グループに分けて，どちらのグループがより正確にストレッチ運動に取り組めるかを競う形で学習を展開した。ストレッチ運動の手本として，NHK for School「ストレッチマン V」におけるストレッチ運動を用いた。タブレット端末を用いて，各グループで「ストレッチマン V」のストレッチ運動部分を視聴しながらストレッチ運動に取り組んだ。その取り組みの様子をグループの友達がタブレットで動画に記録し，教師が設定した評価規準に基づいて相互評価を行った。評価規準を基に，自分たちで映像を基に運動を評価する判断力の育成をねらった。また，動画から運動を評価する話し合い活動の中から出てきた具体的な改善点から自分で次の運動の改善点を定める過程を通して判断力の育成をねらった。

写真 3　活動の様子

　他の思考力・判断力・表現力の育成の例としては,前述の「ハンドブック」で,自己表現のツールとしての活用（図5）,考えを整理するアプリの活用（次ページの図6）の例が紹介されている。

図5　自己表現のツールとしての活用
「動物園の思い出を新聞で残そう」（出典：「発達障害のある子供たちのための ICT 活用ハンドブック特別支援学級編」）

子供の気持ち 「運動会で何をやったか思い出せないよ…」

図6　考えを整理するアプリの活用

「運動会の思い出を作文に書こう」（出典：「発達障害のある
子供たちのための ICT 活用ハンドブック特別支援学級編」）

実践情報及び資料提供：
事例1：星野　進氏（横浜南養護学校）
事例2，3：郡司　竜平氏（北海道札幌養護学校）

3．情報通信技術の活用における留意点

　特別支援学校において，情報通信技術を活用する上では，直接的な体
験を重視することに留意する必要がある。

　特別支援学校教育要領・学習指導要領解説総則編　第6節 指導計
画の作成と幼児理解に基づいた評価　3 指導計画の作成上の留意事
項　(6) 情報機器の活用　では，学習指導要領本文の「(6) 幼児期は直
接的な体験が重要であることを踏まえ，視聴覚教材やコンピュータなど

情報機器を活用する際には，幼稚部における生活では得難い体験を補完するなど，幼児の体験との関連を考慮すること。」を受け，以下のように示している。

（略）幼児期の教育においては，生活を通して幼児が周囲に存在するあらゆる環境からの刺激を受け止め，自分から興味をもって環境に関わることによって様々な活動を展開し，充実感や満足感を味わうという直接的な体験が重要である。

そのため，視聴覚教材や，テレビ，コンピュータなどの情報機器を有効に活用するには，その特性や使用方法等を考慮した上で，幼児の直接的な体験を生かすための工夫をしながら，障害の状態や特性及び発達の程度等に応じて活用していくようにすることが大切である。

幼児が一見，興味をもっている様子だからといって安易に情報機器を使用することなく，幼児の直接的な体験との関連を教師は常に念頭に置くことが重要である。その際，教師は幼児の更なる意欲的な活動の展開につながるか，幼児の障害の状態や特性及び発達の程度等に即しているかどうか，幼児にとって豊かな生活体験として位置付けられるかといった点などを考慮し，情報機器を使用する目的や必要性を自覚しながら，活用していくことが必要である。（略）

参考文献

国立大学法人兵庫教育大学（2013）発達障害のある子供たちのための ICT 活用ハンドブック　特別支援学級編，文部科学省，ICT の活用による学習に困難を抱える子供たちに対応した指導の充実に関する調査研究
　http://jouhouka.mext.go.jp/school/pdf/tokushi_hougo.pdf（2019.02.25 取得）

7 | 大学教育における ICT 活用

苑　復傑

《**目標&ポイント**》　情報通信技術（ICT）は大学教育にきわめて密接な関係を持っている。本章では既存の「大学」の授業をより効果的なものとする，ICTの補完機能を論じるとともに，従来型の大学が授業の一部をオンラインによって配信する，ICT の代替機能にも触れる。従来型の大学組織を超えて高等教育機会を社会に広げる，いわば ICT の開放機能については，次の（第8）章で議論する。この章の内容構成としては，現代の高等教育の課題と大学教育における ICT 活用の可能性を整理したうえで（第1節），大学の授業における ICT の活用の実態（第2節），そして特に従来型の授業に代えて，オンラインで大学の授業を配信する大学の事例を紹介し（第3節）。最後に ICT の導入が大学教育のあり方そのものに持つ意味を考える（第4節）。

《**キーワード**》　大学教育改革，情報通信技術（ICT），授業改革，学習管理システム，LMS，オンライン授業

1．大学教育の課題

　大学は小中高等学校とは様々な意味で異なる。大学は長い歴史をもち，小中高等学校などのように教科に整理されたカリキュラムを持っているわけでもなく，きわめて多様な知識を対象とする。そこでまず大学教育は何かについて考えておこう。

1）大学教育とは何か

　大学は今から約6百年前に，中世ヨーロッパに始まったものであり，

具体的には，教師が教室で学生に講義をするところから始まった。（図
1 ）その出発点において大学の基本は，教師と学生とが一つの場所で対
面すること，すなわち「講義」という対面授業にあったのであり，それ
は今日に至るまで変わっていない。

図 1　ボローニア大学の授業風景（15 世紀）
出所：ウィキペディア　フリー百科事典，大学（2019 年 2 月
　　　の検索結果）

　中世には書物は，羊皮紙に筆写することによって作られていた。した
がって書物は貴重品であり，学生の学習は基本的には教師の講義を学生
が筆記することによって成り立っていたのである。その後，印刷術が発
明されたが，印刷物すなわち書物はまだきわめて価格の高いものであっ
た。19 世紀初めは，書物が大量に印刷され，その価格が下がって，入
手しやすい時代でもあった。言い換えれば，学生の誰もが授業に関する
内容の書物を自分で持っていることが可能であり，それを前提とするな
ら，一定の内容をただ講義するだけでは，大学教育の意味は無くなって
いたとも言える。そこから，未知のものへの探求という研究の理念と教

育とが結び付いたのである。そして今，ICT は，数百年の歴史をもつ大学教育の歴史に新しい時期を画しているように見える。

2）大学教育改革の現代的課題

　ところで ICT 活用の意義を考える際には，現代の大学がどのような問題に直面しているかを考えることが重要である。国際的に大学教育は社会や経済の発展にとってクリティカルな問題となりつつある。それは大学教育の改善が三つの大きなトレンドから発しているからである。

　第一に，情報化社会の発展，経済のグローバル化によって，高度の知識・技能を持つ人材が不可欠となる。そのためには大学教育の質の高度化が必須の課題となる。それは，より高い質の大学教育が必要とされることを意味する。それだけではない。従来，先進国で大きな役割を果たしてきた製造業は中国，ベトナム，インドなどの新興途上国に移転した。そのため，高卒者の職業機会は急速に減少せざるを得なかった。結果として，これまで高卒で就職していた多くの若者は大学に進学せざるを得なくなる。そのような人たちを含めて効果のある大学教育が必要となるのである。

　第二に，その結果として大学教育への就学率は大きく拡大してきた。日本の 4 年制大学への就学率は 2009 年に 50% を超えた。若者の半数以上が 4 年制の大学へ，そして短大，専門学校への進学者数を入れれば，8 割近くが，高等教育を受けているのである。こうした大学教育の大衆化，ユニバーサル化は，社会が多くの資源を高等教育に向けなければならないことを示している。しかし，経済成長の鈍化，人口の高齢化などを背景として，社会が高等教育に向ける資源には厳しい制約がある。高等教育は良質の教育を，しかも限られた資源で実現しなければならない。こうした意味で，大学教育には広い意味での効率性を達成することが求

められている。

　第三に，大学就学率の拡大によってこれまで大学教育を受けなかった資質の学生が大学に入学するようになった。同時に，社会の多様化，流動化によって，若者は将来への明確な見通しを持ちにくくなった。それは大学教育の学生にとっての位置付けが曖昧になってくることを意味する。これまで漠然と想定されていた，将来への明確な見通しをもって，そのために大学教育を選択するという大学生像は，これまでも現実のものではなかったし，現在はさらに現実から遠ざかっている。現実の大学生像を前提として，そうした学生に対して意味のある，大学教育を行うことが求められている。

　以上のような意味で今，大学教育の質の強化，効率化，高度化が求められている。ではそのためには何が必要だろうか。最も基本的なことは大学における授業の改革である。

3）情報通信技術（ICT）の可能性

　前述のように大学は6百年におよぶ長い歴史をもち，その基軸をなすものは教師と学生が直接に接する対面型の授業であった。しかし印刷物の普及が近代大学をもたらしたように，最近の情報通信技術（ICT）の進展は授業のあり方を大きく変えて，大学教育をさらに豊かなものとし，また効率的・効果的なものとしていく可能性を持っている。

　その第一の方向は，従来から大学の教室で行われてきた教師の講義と黒板を用いた対面型の授業の効果を高めるために，情報通信技術を用いる，というものである。対面授業を補完するという意味で，これを情報通信技術の「補完機能」と呼ぶことができる。

　次に第二の方向は，情報通信技術はこうした，組織や時間，場所による制約を越えて，教育を行う可能性を作る。従来の大学の物理的，人的

な組織を用いずに，情報通信技術によっていわばバーチャル（仮想的）な大学を作ることが可能となるのである。これは対面授業を代替する役割を果たす，という意味で，これを情報通信技術（ICT）の「代替機能」と呼ぶことができよう。

　さらに第三の方向は，もはや，大学という組織，制度にこだわらずに，情報通信技術を利用して，大学で生成された高度の情報や知識を，不特定多数の人々に提供することも技術的には可能となる。これはいわば情報通信技術（ICT）による大学からの高度情報の「開放機能」と呼ぶことができよう。

　これら三つの機能は，情報通信技術が大学教育の現代社会における役割を大きく拡大し，革新していく可能性を示している。しかし同時にそれは，これまで考えられてきた大学のあり方やその機能に混乱をもたらす可能性をも持っている。例えば情報通信技術を用いた大学の授業は，人によっては大きな意味を持つとしても，その効果を試験などの手段で直接に試すことはできない。また遠隔手段を用いた大学教育は，安価に提供することもできるから，そこから利益を得ることを狙う動きも出てくる。もし質が保証されないままに，商業化が進むようなことがあれば，それは従来の大学をも含めて高等教育全体に大きな問題を生じさせることになるだろう。

2．大学教育改革とICT活用

　具体的に大学へのICTの導入は，主に三つの面でなされていると言える。すなわち，第一は授業をより効果的にするための誘導・サポート，第二は教育課程の管理・システム化，そして第三は授業・学習成果のモニタリングである。

1）授業のツール

　大学教育の基本をなす「授業」は，伝統的に黒板と教師の講義から成り立ってきた。しかしそうした方法による授業は一般に抽象的であり，具体的なイメージに欠けている。現代の学生にはそうした形態の授業によって興味を抱かせることが難しくなっている。ICT の第一の役割はこのような伝統的な授業を ICT で補完し，よりわかりやすく，効果的に，豊かにすることにある。これは ICT の補完機能と言える。

　大学の授業に ICT の導入が進んでいるのは，授業内容の理解に対する誘導・サポートの手段としての，パワーポイントなどのアプリケーションを用いた静止画像（スライド）の提示，Web からの映像（ストリーミングビデオなど）による教材の提示（プレゼンテーション）に関わるものである。こうした教材は，学生の理解を促進するとともに，特に具体的な内容をビジュアルに見せることによって，より強いインパクトを与えることができる。そうした意味で，抽象的になりがちな講義の補完物として不可欠なものとなりつつある。

　大学 ICT 推進協議会『高等教育機関における ICT 利活用に関する調査研究』の結果報告（2016）によると，パワーポイントは全日本の大学の授業で 86.3% で使われており，次いで「Web 上の教材・ビデオ」は 38.7%，「LMS」という学習管理システムは 20.5% で用いられている（次ページの図 2）。このような形で，黒板と教師の話だけによる対面授業は，ICT の利用で，大きく変化しつつあることは事実である。

　また ICT は学生の授業参加にも大きな役割を果たし得る。大学教育の改革の一つの焦点は従来型の一方的な「講義」による知識注入ではなく，学生が主体的に学習を行うことであることは言うまでもない。それには学生の授業内容への誘導，学習過程の管理だけでなく，学生が積極的に参加する授業形態が必要である（金子，2013）。

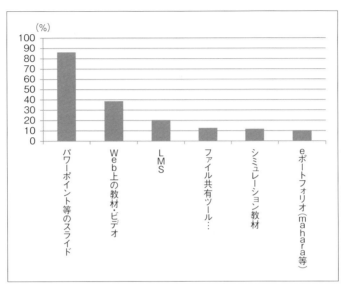

図2　授業への ICT の導入頻度（%）

出所：大学 ICT 推進協議会による『ICT 利活用調査（2016）』（機
　　　関調査）結果より

　学生の参加を求める手段として，例えば技術的には高度のものとは言えないが，教室内で，個々の学生に与えて，それによって学生の回答を数える器具（フリッカー）も，学生の反応を確かめつつ授業を行う上では，効果の少なくないことが指摘されている。また同様の機能としての，携帯電話を用いる実践も報告されている。さらに個別授業にホームページを作成し，そこにレポートや授業への感想を書き込むことも可能である。さらに LINE や WeChat などのソーシャルネットワークと同様の機能を用いて，学生同士の討論を進めることも考えられる。

　現代の学生は社会的な経験が少なく，それが学習への意欲や視野に限界を与えていることも指摘されている。ICT は，こうした意味でナマの経験を経ずに知識を得ることを可能とする。Web やソーシャルネット

ワークを用いて，現実の経験をする契機をつかむことも可能である。さらにこうしたツールを使って学生同士で経験を共有することにも大きな意味がある。

2）教育課程のシステム化

　第二の ICT 利用の方向は，授業の体系化，標準化，そして学習過程の統制にあたる。

　日本において授業は教師の専門分野に偏り，授業全体としての体系化あるいは標準化が十分に行われてこなかった。これが一定の専門分野での基礎的な知識技能の修得に問題を生じさせていたことは否定できない（金子，2013）。

　ICT を活用するためには，教材を，個人の力だけで作成するのには極めて多くの時間を要する。ある程度以上の完成度を持ったものを作成するためには，授業が体系化，標準化されていて，教員間の協力が行われることが不可欠である。また学外で作成された教材を使うことも，基礎的な科目における標準化を進めることになる。このような意味で授業の体系化・標準化と ICT の使用とは表裏の関係にあるといえる。

　さらに ICT は，個々の授業だけでなく，大学の教育課程全体を通じた学生の学習の実効性を高める上でも重要な役割を果たし得る。従来からも，学生の学籍管理，成績管理等には順次コンピュータが導入されてきたが，パソコンやインターネットの急速な発展によって，従来のそうした機能を遥かに超えて，様々な形で大学の組織としての管理運営や，個別授業の管理，学生の学習の総合的な管理への応用の可能性が広がっている。

　こうした学習管理システム（LMS）は，特にアメリカにおいて発展させられてきたものであるが，アメリカの大学においては一つの授業

（コース）での学習が一つの学習「単位」として完結することが求められ，従って実質的な学習が求められるのとともに，学習成果の評価も厳格になされる。学生の学習をより効率的に管理することが不可欠なのであり，それに応じて伝統的にいくつものツールが作られ，学習管理システム（LMS）もそうした伝統の上に立っているのであり，アメリカのほぼすべての大学で導入されている。

　そうした可能性を一つのシステムとしてパッケージ化したもの（Learning Management System＝LMS）がその普及の中心となっている。無償のオープンウェア Moodle，有償の WebClass 及び大学独自に開発したシステム，Universal Passport などの LMS は，Web を用いて授業シラバスの提示，講義資料の掲示，学生に対するアンケートや小テスト，あるいはレポートの実施および管理，試験の採点と成績管理，さらに学生同士のチャットの場の提供などを一貫して行う機能を備えている。

　日本においても学習管理システムの利用は急速に普及している。前述の『ICT 利活用調査』の大学レベルの担当者に聞いた質問によれば，2016年時点で，例えば Moodle という学習管理システムを導入しているのは国立大学の 47％，私立大学の 36％，公立大学の 29％ とすでに多数にのぼる（次ページの図 3）。これは大学全体での成績管理システムと関係付けられている場合も多く，一種の強制が働いているともいえる。

　ただし個々の授業で学習管理システムが活用されているかといえば，必ずしもそうとはいえない。前述の『ICT 利活用調査（2016）』の個別教員に対する質問では LMS の利用は 2 割に過ぎなかった（図 2）。これに対して日本の大学においては，歴史的に「学習の自由」が重要な理念とされ，個々の授業はむしろ教員による講義であり，学習成果も学期末に行われる試験によってのみ評価されるので，学習の過程そのものを統制しょうとする傾向が弱い。むしろ教育はゼミなどの少人数の組織あ

るいは卒業論文，実験などによって完結されるものと考えられている。そうした土壌のうえでは，学習管理システムの必要性自体が感じられないのかもしれない。

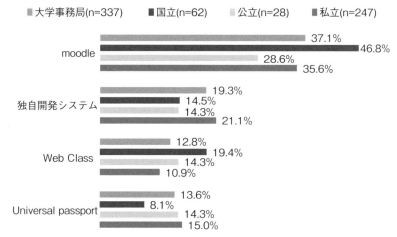

■大学事務局(n=337)　■国立(n=62)　□公立(n=28)　■私立(n=247)

moodle
37.1%
46.8%
28.6%
35.6%

独自開発システム
19.3%
14.5%
14.3%
21.1%

Web Class
12.8%
19.4%
14.3%
10.9%

Universal passport
13.6%
8.1%
14.3%
15.0%

図 3　大学設置者別の学習管理システムの導入頻度（％）
出所：大学 ICT 推進協議会による『ICT 利活用調査（2016)』結果より

3）学習のモニタリング，成果の可視化

　以上に述べた LMS という学習管理システムは個々の授業について設定されるものであり，教育する側からの学習管理システムと言えるが，むしろ教育を受ける学生を単位とした学習管理，という形態もあり得る。

　例えば大学に入学しても成績が不振であったり，不登校に陥る学生が増加していることが指摘されているが，そうした可能性を持つ学生を早期に発見し，対策を施すために，履修状況のデータベースが有効な手段となる。また最近の「ビッグデータ」の活用技術の発展は大学教育の改革に新しい可能性を拓く。こうした形で学生の学習状況を把握し，

何等かの問題を発見することを通じて，学生のよりよい学習をうなが
し，あるいは退学を予防することを，エンロールメント・マネジメント
（Enrollment Management＝EM）と呼ぶ場合がある。また学生の入学試
験と入学後の学習行動などを，結び付けたデータを作成し，そこから入
試方法あるいは入学後の教育体制の見直しをすることも行われている。

　他方で学生が自分自身の学習成果を確認する仕組みも作られている。
Web における自分のページに登録する「e-ポートフォリオ」と呼ばれ
るものがある。これは学生の授業の修得履歴，そこでの学習成果などを，
個人用の Web ページを用いて記録するものである。それによって学生
は自分がどのような能力を身に付けてきたのかを自己診断し，また大学
側は個々の学生の修得状況に応じてきめ細かい指導を行うことができ
る。さらに就職の際にこれを用いる可能性もある。

　以上の ICT の三つの方向での利用は排他的なものではない。またど
の方法のみが正しいというものではない。むしろ専門領域の特性や学生
の特性などによって，授業の方法とともに選択され，また組み合わされ
ることが必要である。

3．オンライン授業

　以上は大学における通常の授業に ICT を利用する場合であったが，授
業の一部をオンラインによって配信する形態も拡大してきた。

　アメリカにおいては，オンライン課程の導入は日本より早く始まった。
次ページの図4にオンライン授業を受けている学生の，全学生に占める
割合を示した。2003〜04 年と 2007〜08 年のデータは遠隔教育コースを
受講している高等教育機関の学部生の割合であり，2012〜16 年のデー
タは遠隔教育コースのみを受講して単位または学位を授与したそれぞれ
の高等教育機関の学部生の割合である。

　これを見て明確なように，2003～04 年と 2007～08 年あたり，オンライン授業を教育課程の一部ないし全部として聴講している学生は，公立，私立のいずれでも 1 割を大きく超えている。また両方がともに確実に増加の趨勢にある。そして目立つのは，特に営利大学（For-Profit University）においてオンラインコースによる受講生の割合が多く，また増加していることである。

　2012～16 年において遠隔教育コースのみで単位または学位を獲得する学部生の割合は，公立 5 ～ 7 ％，私立は 1 割程度，営利大学は 5 割を超えている。

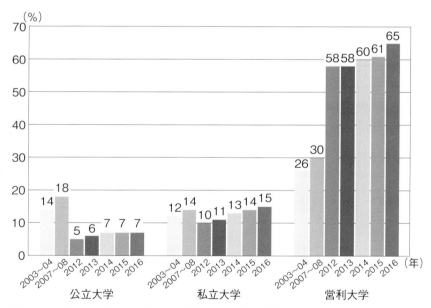

図 4　4 年制大学でオンライン授業を受けている学生の割合
　　　　（アメリカ　2003～2016 年）

出所：National Center for Education Statistics, The Condition of Education 2011, Figure 4―1, 2014-2018, Figure 5, 6 より作成

　日本でもこうした試みが進められている。大学 ICT 推進協議会の調査によれば，インターネットを利用した授業を配信する大学の数は日本でも 2006 年に入って飛躍的に増加している（図 5 ）。国立大学では 2006年の 3 割弱から 2015 年には半数以上の大学で少なくとも部分的にはそうした試みを行うようになっている。また公立，私立大学でも，約 3 分の 1 以上の大学で実践がみられる。こうした形で，少なくとも一部の授業をインターネットで配信することはすでにかなり一般化しているといってよいだろう。

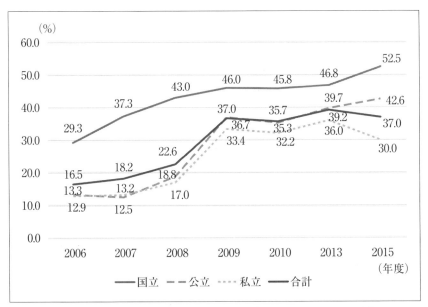

図 5　インターネット授業を行う大学の割合（日本　2006〜2015 年）

出所：AXIES 大学 ICT 推進協議会による『ICT 利活用調査 (2016)』（機関調査）p.26　　　より作成

　個別の大学の例として，京都大学の ICT を活用した教育プロジェク

図 6　京都大学の ICT を利用した教育プロジェクト
出所：https://www.highedu.kyoto-u.ac.jp/connect/（2019 年 2 月の検索結果）

トの事例を見てみよう。図 6 は京都大学の ICT 学習環境，学習管理システム，講義ビデオ，教材，MOOC，OCW 等の教育コンテンツ情報を一つのサイトに集約したものである。

　図 6 の左にある KoALA（Kyoto University Online for Augmented Learning Activities）は，2018 年度から京都大学が提供を始めた SPOC（Small Private Online Courses）である。大学が自学の学生向けに提供しているオンライン講義・教材・学習環境は，固有の目的やニーズに応じて講義や教材を制作し，特定の受講者に向けて講義を提供したり，学内の他の教育プラットフォームとの相互接続を可能にしている。KoALA はオンラインの授業の開講期間・授業回数が個別に設定でき，長期休暇中の開講や，1 回分のみを制作して補講用に用いるといったことも可能である。また，実際に，反転授業や正規授業に組み込んで活用したり，課題作成ツールを通じて学生の理解度，個々の学生あるいは受講者全員の学習進捗状況をリアルタイムで確認することができる。

これ以外にも，独自のフォーマットあるいはユーチューブ（YouTube）などを使って，一般の授業や，公開講座などを配信している大学は少なくない。東京大学知の構造化センターが主宰する全学教育プログラムであるi.schoolでは，学部間を超えた履修カリキュラムとして，2014年より講義・ワークショップを運営している。「イノベーション人材」養成カリキュラムとして，全8回のオンライン授業を開講し，5回の講義で理論を学び，それを使った実践としてのワークショップを3コマ実施する。これは東京大学で実際に開講されている授業をベースに，インターネット特有の双方向性を活用して再編成されたものである。受講料は無料であり，東京大学以外の大学生だけでなく，社会人や高校生など，職業・年齢を問わず，だれでも参加可能である。これらの活動は，大学内での知的資源を，広く社会に対して公開し，共有化する点で大きな意味を持っていることは言うまでもない。

これはICTの補完機能及び開放機能にあたる。ただしそれは多くの場合，一方的な情報の提供であって，ICTの遠隔性，再現性という特性を活かしたものであるが，双方向性を持つものではないことに留意する必要がある。

4．ICT活用の課題

1）支援体制・組織

以上に述べたように，日本の大学における，ICT導入はある程度進んでいるものの，アメリカに比べれば，必ずしも十分ではない。それはICTの可能性を十分に活かすには，大学としての支援体制・組織の役割がきわめて重要なことを示している。

日本の大学ではICT活用のための全学的推進組織を設置している大学は6割程度であり，またそうした組織も，常勤職員は少なく，非常勤

職員あるいは学生，大学院生のアルバイトで支えられている。またICT導入に対する障害を聞いたところ，人員不足，予算不足，専門人材の確保が課題である。「コンテンツの作成など教員の負担の増加」，「予算コストの増加」，「システムの維持，管理での負担の増加」など，十分な基盤が与えられているとは言えない（『ICT利活用調査』2016）。

　このようにみると，大学全体としてのICT導入の体制が十分でないとともに，ICT導入をより効果的にするための，教育支援組織の強化，専門人材の確保，予算の十分な投入，そして個々の授業のあり方の改革が同時に行われていないことが，日本の大学におけるICT導入の重要な制約となっていると言えよう。

　今一つの問題は日本の大学の，学部・学科のタテ割りの組織である。学校教育法の改正（2017年）によって教育研究については学長の権限が強化されたが，学部教授会の権限が強い大学は多い。それはICTなどの導入を阻害する傾向を持つ。また学部に学生の様々な記録等が保管されており，それを上述のエンロールメント・マネジメントなどに全学のレベルで統合して用いようとしても，大きな障害になることが少なくない。

2）教員の意識

　情報通信技術（ICT）が従来の授業のあり方を大きく変える可能性を持っていることを，すでに述べてきた。印刷技術の発展あるいは書物の普及が大学教育の理念に強い影響を与えたように，情報通信技術は情報化社会における大学での授業のあり方には重要な変化を生じさせるものと思われる。また大学全体としてICTの活用に力を割いている大学も少なくない。

　しかし大学教員からみれば，こうした技術に対する親しみを感じない

こともあり，大学としての支援体制と，個々の教員のICT利用との間に一定の距離があることも事実である。大学ICT推進協議会のアンケート調査では，導入の効果をたずねたところ，大学の機関レベルでは57%が有効と答えたが，学部・研究科では41%にとどまった。教育の現場に近いところでは，むしろ評価が低いことになる。また教員間でのICT教材の共有，相互利用はICT利用の発展のきわめて重要な契機であるが，学部・研究科に対する質問では，複数回答で，9割が「教員が独力で教材を作成している」と回答している。またアメリカにおける学長に対する調査でも，オンライン教育の普及について，教員の抵抗が非常に大きな障害であると応えた回答が26%，障害と応えた回答が41%，ある程度の障害と応えた回答を入れると，ほぼ9割に達した（Babson Survey Research Group, 2013）。

これは必ずしも教員がICTに技術的な面で技能が低いことのみによるものではなく，教員の大学教育観を反映しているものと考えるべきである。特に日本の大学教員が最も重視するのは，教師と学生とが同じ空間で，対話する，言い換えれば対面して活動することである。また近代大学の精神的な支柱をなすといわれた「フンボルト理念」（金子，2008）は，講義において教師が自らの学術的探求の過程を学生に話すことによって，学生はそうした探求を間接的に体験し，その精神を学ぶことが想定されていた。大学教育のもう一つの重要な伝統をなす，英米のリベラル・アーツの大学教育は，教師と学生が，一定の古典のテキストを媒介として対話し，それによって学生がそれまでの観念のカラを打ち破り，さらに広い視野からの思考方法を身に付けることにあった（金子，2013）。こうした意味で対面型の授業は，いわば大学教育の核をなすといって過言ではない。

こうした教員の意識を前提としたうえで，ICT利用のメリットをどの

ように理解させ，説得していくかが重要な課題である。

3） 深い学習

　さらにそれは，授業で何を学生に身に付けさせることを目指すのか，という基本的な問題につながる。

　大学教育は一般に，一定の知識を教育と結び付ける考え方，あるいは理論と結び付けながら修得することを目的としている。そうした学習を促進するうえで，知識・理論あるいは事物，現象が，音声，画像，映像（ビジュアル）に表現されることはきわめて大きな意味を持つ。あるいは人間や自然の現象が音声，映像を伴って示されることは，事物そのものに対する擬似的な体験として重要な意味を持つ。そうした点で，情報通信技術がきわめて大きな価値を持つことは，広く認識されている。さらに情報通信技術は，情報・知識についての解説を，繰り返し聞くことを可能にするという意味で，個人による理解の仕方や速度の相違による限界を乗り越える可能性を与える。

　こうした意味で ICT の利用はよりよい授業をつくる可能性を与える。しかし基本的に重要なのは言うまでもなく，学生自身がどのように，また何を学ぶか，という点に他ならない。第 2 章で述べたように，情報化社会では単に情報に関する知識・技能だけでなく，社会の流動化や情報の過剰の中で，いかにして主体的にものを考えるか，が重要となる。それは学生個人にとってもそうであるし，ひいては社会全体にとってもそうであった。こうした意味での主体性を持つためには，基礎的な判断力や思考力が不可欠となる。そしてそのための深い学習をどのように実現するかが問われている。

　考えてみれば，これまでの大学教育の理念もこのような意味での主体性を形成することを目指していた。イギリス，そしてアメリカへと発展

した「リベラル・アーツ教育」の教育理念では，古典を媒介として，教師と学生とが対話することによって学生が古い固定観念を打ち破り，それによって既成の概念をそのものとして受け取るのではなく，それを批判的に考えてみる態度を身に付けることにあった。ここでも教師と学生との相互作用こそが教育の基軸になった。しかし古典や学術的で体系化された知識はもはや学生を引き付ける力を失っている。

　社会や自然に興味を持ち，様々な形で働きかけ，それに対して多様な情報を得ること，それが個人の中での思考や葛藤を通じて，自我あるいは主体的に統合されていく。これこそが深い意味での学習であり，人格的な成長であるとすれば，こうした過程を作るために何が必要であり，ICT はそこにどのような役割を果たすことができるだろうか。情報化社会はこのような問題を大学に突き付けるのである。

参考文献・ホームページ

IDE 大学協会（2016）『IDE 現代の大学教育—特集　ICT 活用の新段階』

金子元久（2013）『大学教育の再構築』玉川大学出版部

金子元久（2008）『大学の教育力—何を教え，学ぶか』ちくま新書

苑復傑・清水康敬（2007）『大学教員の教育力強化とメディア活用—アメリカの事例分析と含意—』メディア教育研究第 4 巻第 1 号

日本私立大学情報教育協会（2016）『私立大学教員の授業改善白書』

AXIES 大学 ICT 推進協議会（2016）『高等教育機関における ICT 利活用に関する調査研究結果報告書（第 3 版）』

日本私立大学情報教育協会　http://www.juce.jp

Institute of Education Sciences National Center for Education statistics 2011, 2014-2018

Babson Survey Research Group and Quahog Research Group 2013, "Changing Course : Ten years of Tracking Online Education in the United states."

8 | 開放型の高等教育

苑　復傑

《**目標&ポイント**》　前の7章では，情報通信技術（ICT）の応用による既存の大学での授業の改善について述べた。この章ではICTを軸として，伝統的な大学の制度的枠組みを超えてICTによる学習を広げる動きについて述べる。まず広い意味でのICTである放送あるいはインターネットを用いた大学について述べ（第1節），新しい形態として注目を浴びつつあるMOOCという「大規模公開オンライン授業」を紹介するとともに（第2節），こうしたICTを用いた開放型の高等教育の可能性と問題点について考える（第3節）。
《**キーワード**》　放送大学，公開大学，オープン・エデュケーション・リソース（Open Education Resources＝OER），オープンコースウェア（Open Course Ware＝OCW），大規模公開オンライン授業（Massive Open Online Courses＝MOOC）

1. 放送・オンライン大学

　まず伝統的な大学制度を超えて，より広い範囲の人々に高等教育を開放するために設置された，放送大学，オンライン大学について述べる。

1）放送・公開大学

　広い意味での情報技術である，テレビ・ラジオを用いて教育機会を広げようとする試みの嚆矢をなすのはイギリスの「公開大学」である。1969年にイギリスでは，「公開大学」（Open University）が設置された。これは時間と場所の共有，対面性，という時間的，地理的な制約を乗り越

えて，大学教育の機会を提供しようとする試みである。これはラジオ，テレビなどでの授業と面接授業とを組み合わせて大学教育を行うものであり，ICT を活用する高質の遠隔教育のモデルとなった。これは国際的に大きな影響を与え，中国においては 1979 年に「ラジオ・テレビ大学（原語：広播電視大学)」，日本においても 1983 年に「放送大学」が設置され，ラジオ，テレビの遠隔授業と面接授業の組み合わせによる教育を行ってきた。

イギリス公開大学は，学士号，修士号，非学歴証明書，リカレント教育などの教育課程を行っており，13 の学習センターを設けている。欧州，アフリカ，アジアからの 2.5 万人の学生を含めると，在学者は 18 万人に達している。1971 年の最初の学生募集から現在に至って，300 万人の学生を送り出している（孫福万等，2015)。

同様に中国の広播電視大学は，中央広播電視大学を頂点に，中国の各省と大都市に 44 の地方広播電視大学があり，945 の市のレベルの分校と 1842 の学習センターが全国でネットワークを形成している。教育課程は学士，準学士，職業教育，非学歴教育，リカレント教育，老人大学も含めて，2017 年現在約 355 万人の学生が学んでいる。教育内容は，職業と関連性の高いものを中心に展開している。近年中国高等教育の大衆化の進展につれて，遠隔教育への教育需要は，都市部に来ている出稼ぎ労働者，そして農村部の農民へシフトし，20 代から 40 代の成人労働者が主な募集対象としている。社会は高齢化が進み，生涯学習の視点から，2012 年に大学は組織再編が行われ，中央と地方のいくつかの広播電視大学は開放大学と名称変更した。高齢者向けの教育にも力を入れており，老年大学が設立されている。

日本の放送大学はスタート時点から，学士課程の教育を行ってきたが，2001 年に修士課程，2014 年に博士課程を設けて，学術・教養教育を中

心的な内容としていた。近年，教員免許更新講習，資格試験教育，エキスパート証明書の発行と関連する教育も導入した。50 の学習センターに所属している学生数は約 9 万人である。学生の年齢層は 50 歳代以上が約半数占めている。2018 年 10 月，科学技術の振興，生涯学習の推進の観点から，放送大学が放送チャネル「BS231」を増やし，正規授業の放送チャンネル「BS232」と並行して，「BSキャンパスex」の全国放送をスタートさせた。

　こうした 1960 年代から 80 年代に誕生したイギリス・中国・日本のラジオ・テレビ大学は通常の大学の，代替機能を負った典型的な事例ということができる。これまでに大きな役割を果たしてきたし，これからはさらに大きな役割を果たすことになる。特に情報化社会の進展によって，職業上に要求される知識や技能は常に変化し，進歩し続ける。それに対応するためには，大学のキャンパスに一定の期間，通って学習する，という形態をとることは難しい。そうした制約はむしろ学習の要求が強い人ほど強いといえよう。

　しかしこれまでの遠隔教育は，面接授業によって補完されるとはいえ，授業の配信方法としては制約があることも事実である。テレビやラジオという放送による授業は時間による制約があると同時に，双方向の対応を欠かざるを得ない。

　インターネットを用いた新しい情報通信技術（ICT）はこうした意味で大きな可能性を開いた。インターネットを用いて授業を配信することによって，学生は必ずしも大学に行かなくても授業を受けることができる（遠隔性），しかも教師と学生は，直接に対面していなくても，インターネットを介して相互に発信することができる（相互性），さらに授業を記録して，それを必要に応じて視聴することも可能となる（再現性），こうした技術的特性が実際にどの程度に活かされるのかは，議論のある

ところである。実際，放送教育は，面接授業と組み合わせることによって効果を上げてきたし，制度的にも大学教育として認められてきた。インターネットの利用はそうした補完手段（面接授業）を用いなくても十分に効果を上げることができるか否かは，さらに検証されるべき問題である。

　以上は，大学の中の一部のコースでオンライン授業を行っている場合，あるいは教育課程の一部がオンラインコースで行われている場合であった。以下では大学（ないし大学院）の教育課程全部がオンラインで配信される授業について，日本とアメリカのオンライン大学を見てみよう。

2）日本のオンライン大学

　日本において2004年に設立された八洲学園大学は，インターネット授業による通信制課程のみの大学である。またソフトバンクが出資した株式会社立大学である「サイバー大学」（2007）も，インターネット授業による通信制課程の大学である。同じく株式会社立の「ビジネス・ブレークスルー大学大学院（BBT）」は，2005年に修士課程のみの専門職大学院として設置された。これは法令上の通信制課程ではないが，専門職大学院設置基準において遠隔授業については通信制課程の規定を準用することができるとした規定に基づいている。さらに同大学は通信制課程の学士課程を2010年に設置した。

　こうした教育課程におけるインターネットの利用について，従来の大学における「通信制課程」の枠の中で，インターネットによる授業を行う場合もある。この場合，学生は通信制課程の学生として卒業資格を得ることになる。

　例えば，早稲田大学の人間科学部では，通信制教育課程として「eスクール」を2003年に設置している。この課程は主に成人を対象として，

インターネットで授業を行うだけでなく，BBS（電子掲示板）で質問・討論，小テストやレポートも行う。独自の入学者選抜を行い，修了者には通信制課程として学位を発行するとともに，一定の条件を備えた学生については，試験を行った上で，早稲田大学人間科学部への転入も認める。2018 年に 4 つの学科でオンラインコースを開講しており，2018 年までに 1300 人の卒業生を送りだした。

図 1　早稲田大学 e スクールトップページ

出所：https://www.waseda.jp/e-school/about/data.html
　　　（2019 年 2 月の検索結果）

　以上に述べたように，2000 年前後に設置されているインターネット配信の授業のみによって学位を発行する教育課程・大学は大学教育の機会を開放する意味で，重要な意味を持っていることは言うまでもない。しかし他方で，そうした柔軟性自体が，大学教育の質について深刻な問題を生じさせる可能性を含んでいることに留意しなければならない。

　日本においては，一般の対面授業を基礎とする大学では，一定の質の教育を確保するために必要な教員の人数構成などとともに，その基盤となる校舎・施設や教員について，基準を設定することが可能であり，大学として認可されるには「大学設置基準」あるいは「大学院設置基準」を満たすことが条件となってきた。また大学の通信教育課程については，「大学通信教育設置基準」が設けられている。

　しかしこれらの基準は情報化社会以前に作られたものであり，インターネット授業の可能性を活かしつつ，その質を保証するために，これらの基準をどのように改定していくかが，これまで問題になってきた。

　これに対応するために通常の大学については，大学設置基準が 1998年に改正され，「テレビ会議式の遠隔授業」が認められることになった。ついで 2001 年の改正では「インターネット等活用授業」が遠隔授業の範囲に含まれることになった。学士号の取得に必要な 124 単位のうち，60 単位はこうした遠隔授業によって獲得することができる。

　他方で通信制課程については，学位取得に必要な 124 単位のうち，30単位以上を面接授業（スクーリング）によって取得し，残りを印刷教材等による履修によって獲得することができることになっていた。しかし上述の大学設置基準の改正に伴って，「面接授業」の必要単位をインターネット授業によって満たすことが可能となった。これによって通信制課程では，インターネットのみによる学士課程の学位取得が可能となったのである。現在のいわゆるインターネット教育課程・大学は，こうした

措置に制度的基盤を持っている。

　このように日本の大学設置基準は，インターネットの導入に伴って，大きく柔軟化され，それを利用して，インターネットを利用した教育課程・大学も拡大してきた。

　しかしこうした制度上の規定は，それによって十分な質的保証が行われていることを意味するものではない。それは基本的には高等教育全体についても言えることであって，日本の大学の質保証は，これまでの教育条件等についての設置基準を満たしているか否かを基軸とするものから，実際に大学教育として十分な質が確保されているか否かを基準とする，適格認定（アクレディテーション Accreditation）を基軸とするものへと移行しつつある。インターネット教育課程・大学については，特にこうした意味での，適格認定の方法が開発される必要がある。

3）アメリカのオンライン大学

　日本に先がけてアメリカにおいては本格的なオンライン大学が始まり，すでにきわめて大きな存在になっている。インターネット教育課程・大学は，主に成人学生を対象として設置されている。実際，アメリカなどでも，大学におけるインターネット利用の授業やインターネット教育課程・大学などは，成人学生を対象としているものがほとんどである。

　その背後には，社会人の間には特定の職業に関連する知識・技能を獲得する要求がある一方で，すでに社会人となっている人たちが大学に通学するには地理的，時間的な制約がより大きいことがあることは言うまでもない。特に専門的な職業知識については，提供できる大学が少なく，その意味でも地理的制約は大きい。他方でこうした目的があれば学習意欲は強いから，必ずしも，対面授業によって，学習を強制させられる必要は少ない。こうした要求に，オンライン授業や教育課程・大学の役割

は大きな意味をもち得る。

　その一つとして「フェニックス大学」（University of Phoenix）の例を見てみよう。フェニックス大学は 1976 年に設立された営利的遠隔教育機関である。本部はアリゾナのフェニックス市にあり，2018 年に約 40 の運営キャンパスがある。放送メディアからスタートした同大学は，1990 年代からオンライン課程を始めており，100 以上の証明書プログラムと準学士，学士，修士の学位課程がある。教育内容としては，商学部，教育学部，保健専門学校，保健サービス管理学部，人文科学部，情報システム工学部，看護学部，安全・刑事司法学部，社会科学部の 9 つの学部を設けているほか，教員と実務家のためのリカレント教育コース，企業のための専門能力開発コース，そして軍人のための専門の勉強コースを提供している。

図 2　フェニックス大学のトップページ
出所：https://www.phoenix.edu/（2019 年 2 月の検索結果）

　2010 年に最大 60 万人の学生を登録したというが，その後学生の数は急激に減少してきており，2014 年には 25 万人，2016 年には 14 万人までに減少してきた。2014 年の学生平均年齢は 34 歳と成人が大部分であ

り，男女別に女性は 69% と多い。他方で授業料は 18,000 ドルと公立大学より高い。

　学習コンテンツに関しては，学生は，電子図書館，教科書，およびコースに必要な付属資料など，大学のオンラインリソースにアクセスできる。学生がオンラインポータルである eCampus を通じて，授業に必要なソフトウェアにもアクセスできる。

　学習形態として，大学は，学習チームプロジェクトに取り組むことによって共同作業することを学生に要求する。そこでは，クラスは 4 〜 5 人の学生の学習チームに分けられ，各学習チームには，チームメンバーがプロジェクトについて話し合い，進める。

　しかしフェニックス大学の実態については厳しい批判もある。教員の圧倒的大多数は非常勤であり，講師の 95% がパートタイムで教鞭をとっていると言われている。大学教育の評価については，フェニックス大学は，学問的厳しさの欠如であると同時に，使用している教材もレベルが低いと批判されている。また学生の卒業率は，2013 年に 2 割未満と，USA Today によって報道されている。連邦奨学金による学生補助によって支えられているという批判もある。いずれにせよ，営利大学のあり方には様々な議論の余地があることは事実である。

2. 公開オンライン授業（Open Online education）

　大学の授業や教材を公開する動きが 21 世紀に入って本格化した。大学の教材をオンラインのデータベースから配信する，「公開教育資源」（Open Education Resources）と一般に呼ばれる運動が，様々な形をとって進められている。

1）オープン・コース・ウェア（OCW）

　その中で最も大きな影響を与えたのが，2002 年にマサチューセッツ工科大学（Massachusetts Institute of Technology = MIT）が始めた「公開オンライン授業」（Open Course Ware = OCW）プロジェクトである。このプロジェクトは MIT の授業科目リスト（カタログ）の全部を公開し，それぞれの授業についてその概要，教員の講義ノート，学生に与える課題，テスト問題などを公開することを目的とするものであった。さらに一部の授業については，授業の映像をビデオ化し，それを随時視聴可能なストリーミングとして Web で公開するようになった。これを MIT の学生だけでなく，学外の学生が用いて学習することもできるし，また他大学における授業で利用することもできる。配信のためのアプリケーションには，独自に開発したもののほか，既設のものも使われ，授業のビデオ配信には前述のユーチューブ（YouTube）のフォーマットも用いられている。配信のためのアプリ，設備などへの投資については，連邦政府，ヒューレッド財団，メロン財団のほか，大学自身も支出した。

　その後，この運動は全米に広がり，多数の大学が参加した。また国際的にも参加する大学が増加し，国際コンソーシアムも結成された。英語での教材を自国語に翻訳するといった試みも一部で行われている。

　日本では 2005 年から，いくつかの主要大学が一部の授業の公開・配信を始め，2006 年には日本オープンコースウェア・コンソーシアムが結成されている。その中で東京大学では，「知の開放」事業の一環として，2004 年に UTOCW（OpenCourseWare）Web サイトを開設し，2019 年に UTokyo OCW に改称している。UTokyo OCW では，東京大学の教育プログラムに従って提供されている 1,400 を超える正規講義の講義資料や講義映像を，外部にも無償で配信している。このサイトで公開されている資料は，実際の講義で提供されているものとほぼ同じものであ

る。図3は東京大学の授業カタログ，そして，無償公開の講義資料・映像，そして，電子教科書などオープン教育コンテンツを集約したものである。

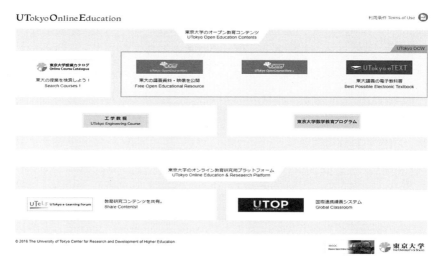

図3　東京大学のオープン教育コンテンツ
出所：http://oe.he.u-tokyo.ac.jp/（2019年2月の検索結果）

2）ムーク（MOOC）

　上記の公開授業教材の運動をさらに発展させたのが「大規模公開オンライン授業」（Massive Open Online Courses＝MOOC）という形態である。2010年代から，世界的に有名大学などを中心として様々な教育コースが提供されるようになった。これらを総称してMOOCと呼んでいる。MOOCは，オンラインで誰でも無償で利用できるコースを提供するサービスであり，希望する修了者は有料で修了証，または学位を取得できる。その共通の特徴は以下の点にある。

　第一に，最も基本的な特徴は，前述の OCW が基本的には，教材あるいは授業のビデオの配信，といった形で授業の送り手の側での公開であったのに対して，MOOC はそれに加えて，学生の授業への何らかの形での参加，学習成果の確認のための様々な工夫を取り入れている。この意味で OCW をさらに教育的に発展させたものということができる。

　第二に，内容となる授業が，配信の対象が多数となることを初めから見込んでいる点である。OCW が基本的には大学で行われている授業を，公開する，という姿勢であったのと比べれば，MOOC はさらに学外，そして世界への公開，という視点が明確である。また配信の対象となるのは，情報通信技術関連など，こうした形態での公開に，学生が集まりやすい傾向がある学問分野を中心としている。

　第三に，個人のイニシアティブにより，出資者を求める，といった形でベンチャー企業の形態をとる場合が多い。そのため何らかの形でコストを回収することが不可欠である。その意味で初期の，各財団の寄附による有名大学による社会貢献という枠組みから大きく，市場メカニズムを利用する方向へ進む傾向がある。

　以上のような経緯を経て，MOOC はインターネット利用の授業開放として始まったものが，さらに形を変えて大規模化し，変質する可能性を示している。ただしその内容・形態は多様である。以下では，いくつかの事例についてその内容を概観する。

3）エデックス（edX），コーセラ（Coursera）

　エデックス（edX）は MIT 及びハーバード大学において2012年に発足したプログラムである。MIT あるいはハーバード大学の在学生が利用するだけでなく，世界中の学生が聴講し，参加することが目指されている。2018 年に世界から 130 以上の大学が加盟提携している。エ

デックス（edX）は，履修証明を発行することを考えていた，2017 年に
MicroMarters と称する，有料の修士課程プログラムを開始した。

図4　エデックス（edX）の修士課程（MicroMarters）の Web サイト
出所：https://www.edx.org/masters（2019 年 2 月の検索結果）

　図4に示されているように，MicroMasters の会計学，IT 管理，サイ
バーセキュリティなどのプログラムは，転職を希望する学習者のために
設計され，社会の需要の高い分野で教育内容が提供されている。この3
つのプログラムの年間学費は1万ドル前後という設定で，従来のキャン
パス修士号の数分の1のコストで利用できるという。提携先はジョージ
ア工科大学，テキサス大学オースティン校，カリフォルニア大学サンディ
エゴ校，クイーンズランド大学，インディアナ大学，カーティン大学な

どである。プログラムは 2017 年秋に 250 人の入学者で始まり，2018 年秋に 1200 人の学生が在学している。

　情報化が進展する中，既存の産業も進化しており，新しい職場で成功するために高度な知識が要求される。しかし，伝統的なオンキャンパスの修士号を取得するために，そこに必要な時間とお金の投資は，多くの人にとって負担が大きい。このプログラムは成人の需要に対応しており，また利用する学生はローンを含む財政援助も利用可能である。すべての連邦財政援助給付および制限は，オンライン MicroMasters の在籍学生に適用される。

　コーセラ（Coursera）は，スタンフォード大学に所属する二人の情報科学の教員が 2012 年に設置した営利機関である。設置したプログラムの中心となったのはやはり情報科学の分野の授業であったが，その後，授業の対象領域を拡大し，人文科学，社会科学，医学，生物学などをカバーしている。また公開する授業もスタンフォード大学だけでなく，イリノイ大学，ペンシルバニア大学，ミシガン大学，あるいはアメリカ以外の日本の東京大学，京都大学，中国の北京大学，清華大学の授業も含んでいる。2018 年に 150 の加盟校，2500 コースの 2000 万人の利用者がいるという。

　コーセラのプログラムには，ビデオ講座，記録される自動テスト，クイズやピアレビューの課題，コミュニティ・ディスカッション・フォーラムが含まれる。授業の参加者の間で，一つのバーチャルなコミュニティを形成し，授業での質問などがあった場合には，このコミュニティに提出し，その質問に他の学生が回答する，といった方法も用いている。こうした方法は，従来型の試験よりも，学生間の協力に基づく学習による一定の知識の修得，という点で学習理論の上からも優れていると主張している。コースを修了すると，共有可能な電子コース修了証を少額の手

数料で入手することができるようになった。

　同時にコーセラの授業を，大学の授業の一部として認定する大学もいくつか出現している。この場合は，大学がコーセラに一定の対価を支払う。また個別大学の学生にコーセラが一定の課金をとって授業の履修証明を与えることも行われている。コーセラは授業の履修証明が大学の学習単位と同等の認定を受けているとしているが，これを実際に履修単位として認めるか否かは，利用大学の方針によることになる。コーセラもMasterTrack 学位プログラムを導入し，提供するモジュール式学位学習体験では，いつでもオンラインで学習することができ，コースの課題を完了すると，クレジットを獲得できる。キャンパスで実際に講義を受ける生徒と同じ資格が与えられる。コーセラでの学位取得にかかる費用は，オンキャンパスでのプログラム受講料に比べてはるかに安価である。

　2019 年現在，コンピューターサイエンス修士（MCS），イノベーション・Entrepreneurship 修士（理学），国際公衆衛生修士，経営学修士（iMBA），会計学修士（iMSA），データサイエンス・コンピューターサイエンス修士（MCS-DS），コンピューターと情報技術修士，国際経営学修士などのプログラムがある。

4）ジェイムーク（**JMOOC**）

　ジェイムーク（JMOOC）は一般社団法人日本オープンオンライン教育推進協議会の略称で，2013 年に設立した。日本の大学教員などによるオンライン講義，「MOOC」について産学一体で推進する団体であり，MOOC 普及のための広報・周知活動，国内外の組織との連携・交流，MOOC 関連グループの組織化と活動支援などを行っている。メンバーシップは会費の納入によるもので，会費は次ページ図 5 のとおりである。

　JMOOC の講座は一部のオプションを除き，修了証の取得まで無料で

特別会員	企業，団体等　5	500万円／口
正会員	企業，学校法人等　60	1口10万円／5口以上
協賛会員	非営利団体，教育機関，学会等　13	1口2万円／5口以上
個人会員	個人	1万円

図5　JMOOCのメンバーシップと会費

出所：https：//www.jMOOC.jp/（2019年2月の検索結果）

受講できる。インターネット環境と学びたい気持ちさえあれば誰でも受講できる。

　JMOOCは，個人が意欲的に学ぶことを支援するとともに，個人の知識やスキルを社会的な評価へ繋げていくことを目指している。2019年に140講座あり，受講者は10代から80代まで幅広い年代の52万人に達した。

　JMOOCの公認配信プラットフォームとして，NTTドコモとNTTナレッジ・スクウェアが開設している「gacco」，ネットラーニング社による「OpenLearning, Japan」，放送大学による「OUJ MOOC」，富士通が提供する「Fisdom」が存在している。JMOOCは，これら複数の講座配信プラットフォームをまとめるポータルサイトとして，各サイトの講座の紹介を行っている。（図6）

　一つの動画の長さは10分程度，スマホ・タブレットで受講も可能である。フルオンラインの講義以外に，gaccoでは，オンライン講座と対面授業を組み合わせた「対面学習コース（有料）」のある講座もある。講義動画の視聴やクイズ・レポート等で基本的な内容を学んだ後，対面授業において講師や受講者同士の議論を通じて発展的な内容を学ぶ。人生100年時代をより豊かに過ごすために，学び直しをしたい方々を応援すると同時に，法人向けには，「gacco　ASP」や「gacco　Training」とし

図6　gacco（ガッコ）Web サイト
出所：http://gacco.org/face-to-face.html（2019 年 3 月の検索結果）

て，受講者を限定した法人オリジナル研修の配信サービスや研修コンテンツの提供もしている。

5）中国のムーク（慕課）

　さらに中国でオンラインで提供されている大学の公開講義の主なサイトを次ページの図 7 に示した。これらのサイトはオンライン教育株式会社，いくつかの大学連合，そして，教育出版社とインターネット会社の提携によって運営されている。

　図 7 の 1 番にある学堂在線（XuetangX）は 2015 年に清華大学のリーダシップで設立され，北京大学，復旦大学，スタンフォード大学等，国内外の 150 以上の大学の授業 1000 の講座を開講している。領域はコンピュータ科学，経営管理，理学，エンジニア，文学歴史，芸術にわたる。

Webサイト	運営主体	バックグランド	講義数	データの公開比率	URL
学堂在線	在線教育会社	清華大学	272	70%	http://www.xuetangx.com/
華文慕課		北京大学	24	40%	http://www.chinesemooc.org/
好大学在線	大学の連携	上海交通大学	174	80%	http://www.cnmooc.org/home/index.mooc
優課連盟		地方大学	52	70%	http://www.uooc.net.cn/league/union
中国大学 MOOC	教育部		273	80%	https://www.icourse163.org/
愛課程（銘柄授業）	教育出版会社とインタネット会社の連携	財政部			http://www.icourses.cn/home/
頂你学堂（職業教育）		アリババ 有料	253	50%	http://www.topu.com/
開課吧（職業教育）		テンセント 有料	40	30%	https://www.kaikeba.com/
網易雲課堂		網易 有料	58	50%	https://study.163.com/

図7　中国の主要なオンライン公開授業の Web サービス

外国の大学のオンライン講義については，中国語に翻訳されており，ビデオストリーミングに中国語の字幕がつけられている。

　学堂在線（XuetangX）のトップページ（図8）に示されているのは，2019年春の学生募集画面であるが，その内容を見てみると，「金券受領，優秀講義3割引き，春優待のVIP，国際視野，職場昇進，英語，清華大学認証，EMBA，何十万元節約，年度爆買講義」などが記されている。講義の提供先は清華大学，北京大学，復旦大学，国防科学技術大学，西

図8　学堂在線（Xuetangx）Web サイト
出所：http://www.xuetangx.com/（2019年3月の検索結果）

安交通大学，マイクロソフト社など，そして，それぞれの授業の登録者数も表示されている。

　一つのコースの講義価格は 99 元から 199 元（ 1 元 = 15 円）の間で設定しており，配信時間は 4 か月から 1 年間，そして，講義の構成は 7 回から 14 回など様々である。学習方法はオンラインでの視聴，クイズとテストを行うと書かれているが，詳細は不明である。講義視聴後，証明書が発行される。

　学堂在線に加盟している中国の大学は国立大学ばかりであるが，積極的に授業を売り分け，市場メカニズムの大きな波に押されて，迅速に展開されているようである。

3．開放型高等教育の可能性と課題

　以上に述べた開放型高等教育は大きな可能性を持つ。特に MOOC は有名大学を起点とし，高度の内容を持ちながら，他大学あるいは大学在学者以外をも対象とする，という点で注目され，既存の高等教育を大きく変えるという見方も少なくなかった。ニューヨークタイムズ紙は 2012 年を「MOOC の年」と呼んだほどである。しかしそれから数年にして，代表的な MOOC の利用者は縮小し始め，期待が過大であったことが明らかになった。その過程で明らかになったことは ICT を用いる開放型高等教育の一般の問題点と課題を示している。

1）MOOC モデルの基盤

　それを考えるために，ICT 利用の開放型高等教育を支えるメカニズムを考え直してみる必要がある。前述のように放送を含めた ICT の特徴は大量の情報を，不特定多数の対象に対して，提供できることにある。さらにインターネットを用いれば視聴者は希望に応じて何回も情報を受

けることができることになる。理論上は一つの授業によって数千人，数万人の学生に一定の内容の教育を行うことが可能となる。大学の授業においてすでに提供されている知識は，それを外部に公開しても，公開のためのコストがかかるとしても，その価値を減ずるわけではない。むしろ知識が広範囲に理解され，受け入れられることによって，その価値を上げ，潜在的な需要を増す，と言えるかもしれない。

　MOOC のモデルはそれに加えて，一定の教師の講義が特に優れた内容を持っていることが，受講者を引き付けることができるという確信に立っていた。これまでの大学では，学生に教える授業科目については一定の教師をいわば強制してきたわけであるが，MOOC のような技術を用いれば，学生はそうした制約に縛られる必要がなくなる。日本の進学予備校では，特に優れた教え方をする「スター講師」が高給で優遇され，その授業が衛星などを使って配信されている例がある。予備校は効率性によって行動しているわけであるから，それは講師の個人的な力量が大きな差異をもたらすことを示しているのであろう。こうした点を考えれば，教員の選択を含めた授業の選択が可能となること自体が大きな意味を持っている。

　また MOOC の初期の時点で想定されていたのは，これを何等かの公共性を持つとして，財政的に支えていくことができるという思想であった。また大学にとってみれば「知識の府」としての大学が，率先して行動をとることはむしろ当然である。特に情報通信技術が学術的な発展の先端の一つであるとすれば，このような活動に参加することは大学の社会的な義務とも見られる。情報化の趨勢は，きわめてダイナミックなものであり，一定の技術の発展がその応用を生み，それがまた新しい展開を生みだす。そうした過程の将来は見極めにくい。一般の情報通信技術の事業は，ベンチャーキャピタルが活発に参加し，新しい企業が設置さ

れたり，淘汰されたりする，という形で進展が進められている。しかし大学はその本来の使命から言って，組織自体の新設・淘汰という道はとりにくい。その中で，将来も自らの地位を確保しようとすれば，何らかの形で情報化の動きに参加することが不可欠となるのである。このような意味で，大学の授業を公開すること自体が，大学にとって意味を持つ。

　ただしこうした教育をさらに大規模に運用しようとすれば，財政的な基盤が必要となる。そのために適当な課金の制度を設けて，一定数の授業の受講を条件とすることによって，国際的な規模の大学を形成することも不可能ではない。そうすれば，MOOC は営利事業としても十分に成り立ち得ることになる。ベンチャーキャピタルが出資を行っていることについては既に述べた。

　しかし現実にはこうしたモデルはいくつかの重要な問題点を明らかにしつつある。それは何よりも受講者の脱落がきわめて多いという事実に表れている。アメリカの MOOC の多くで脱落率は9割以上に達するという。また一時急増していた参加者も減少，停滞する傾向がみられる。

2）問題点

　現実に現れている問題は以下のように整理することができる。

①　学習効果・学習モチベーション

　第一は学習者の側のモチベーションである。前述の MOOC モデルの基本は，いわば大学教育の側の視点から発想されたものであるといえる。高度の内容を持つ，優秀な教師の授業を公開すれば，学生は当然にもそれに興味をもち，高い学習成果を上げる。言い換えれば，学生の側にきわめて高いレベルの講義への興味と学習のモチベーションがすでに存在していることが前提となっている。しかしそれは現実的とはいえない。第2章で述べたように，教育は授業だけで成り立つのではなく，学生の

学習こそが重要である。そして学習へのモチベーションをもたらすのは，教科内容や教え方だけではなく，学生と教師の間の相互作用が不可欠である。インターネットを介した授業にはそうした作用が十分ではない。また学習者の集団の中での相互作用が間接的なモチベーションやサポートを生み出す。

　もちろんMOOCの側もこうした問題を理解していないわけではない。インターネットを用いた教育・学習の理論とよぶものを発展させ，それを基に様々な手段を用いているという。前述のように例えば受講者と教員との間にインターネットでコミュニケーションを図る，といったことも行われる。既存の大学でもレポートに対してコメントを返す，といった作業が必ずしも十分に行われているわけではない。あるいは学生の提出物に，一定のソフトウェアによって必要なコメントを返すことも試みられている。既存の大学でも学生へのフィードバックが必ずしも十分でないことを考えれば，こうした手段にも一定の意味がある，という考え方も可能である。また学習参加者は物理的には同一の空間にはいないものの，インターネットを通じて，コミュニケーションが図られる。

　しかしこうした対策は少なくとも今までのところ，十分な効果を上げているようには見えない。もともとMOOCが想定していたきわめて広い範囲の受講者がある場合には実現は困難であるようにみえる。

②　学習成果の確認

　第二は学生の学習成果の評価の問題である。従来の大学は，学生の授業への参加，試験の結果などをもとに学習の成果を評価し，それを修得単位として，学生が一定数の単位を蓄積することを卒業の条件としていた。これに対して情報通信技術を用いた授業ではこうした形での学習成果の確認が難しい。これまでのインターネット大学などの例では，一定の場所・時間を指定して集団で監視のもとに試験を行う，何らかの責任

ある人に委託して試験を行うなどの方法がとられていた。さらに大量の
レポートをソフトウェアで採点し，同時に不正を発見する方法を開発す
ること，あるいはむしろ受講者同士で質問や議論を行わせて，それを相
互評価することによって成績評価を行うことなどが提案されている。ま
た様々な形で，IBT（Internet Based Testing），または CBT（Computer
Based Testing）が試行されている。

　従来の大学での成績評価にも問題が多いことを考えれば，こうした方
法が一定の効果を持ち得るという見方も可能である。しかしその場合で
も，もし意図的に不正を行おうとすれば，かなり容易に行える可能性が
ある。

③　社会の信任

　第三の問題は，学習の成果についての社会的な認知である。

　ICT を用いた大学教育でも既存の大学制度の枠内にあれば，所定の学
習によって学士の学位を授けられる。日本では，通信教育あるいは放送
教育については，通信手段を用いた授業，そしてそのための組織人員に
ついて，大学設置基準で定めるとともに，一定単位のスクーリングによ
る対面授業を実施することを義務付けている。このような制度によって
その質を保証していることになる。しかし，大学設置基準の改正によっ
て，大学の授業の一部を遠隔手段によって行うことを認めたために，実
質的にはまったく対面授業を行わないで，単位の取得，学位の授与が可
能となった。

　アメリカにおける大学教育の質的保証は適格認定（アクレディテー
ション Accreditation）制度によって行われていることになっている。し
かし質的保障を担当する適格認定団体の，遠隔教育に対する態度は，実
は今きわめて曖昧なものとなっている。それは一方において，時代の先
端である情報通信技術を高等教育に導入することは，経済産業政策上も

大変重要な要求であり，それを制限することは政治的に非常に困難であるからである。しかも学位に達しない，小さな単位での学習を認知する仕組みは制度的に確立していない。

　こうした状況は，MOOCの社会的な信任が確立しないことにつながり，ひいては学習者の参加，学習意欲の低さにつながらざるを得ない。

3）課題

　以上のように，MOOCの試みそのものに関しては，大きなポテンシャルがあるものとしても，それが大学教育全体を根本的に変える，というものにはなりそうもない。ただしそれはICTを用いた開放型高等教育が大きな役割を果たすことを否定するものではない。また前述のように，これからの社会においては学校・大学を超えて教育・学習の機会が開かれることは不可欠であり，そこにICTが重要な役割を果たす。こうした視点から重要なのはICTの特質をどのように活かすかという点である。

　一つ明らかなのは，社会に出る前の若者の教育機関としての伝統的な大学が持つ教育機能を，ICTによって完全に代替することは難しい，という点である。従来の，若い学生が一定の期間（4年間）に一定の教育課程の中で学習するという大学制度は，様々な問題をはらむことは事実であり，やはり高い機能を持っており，社会の評価の頑健さも反映するものであろう。ICTはその機能性を高める上で重要な役割を持つ。

　むしろICTが独自の役割を発揮するのは，一定の具体的な学習目標を明確に持つ社会人を対象とした教育である。前述のように情報化社会ではそうした社会人の学習需要はきわめて急速に拡大しつつある。ただし成人の教育需要について認識しておかねばならないのは，それがきわめて異質な要求の集まりである，という点である。個人の立場によって

もそれは異なる。職業で要求される知識・技能の修得，現在の職場で得られる知識を超えて，自分の立場を再認識し，将来のキャリアを構想するための知識，退職後の生活を豊かにするための学び，しかも具体的に要求される知識・技能はきわめて多くの分野におよぶ。それを掘り起こして，一つの教育プログラムと教育課程を設定することは容易ではない。またその教育課程における学習成果をどのように定型化し，認定するか，またそれを社会的な認知に結び付けるかも重要である。

　アメリカでは，大学教育をまず学士，修士などの学位を基準に考えるのではなく，個別の職業能力に応じた教育単位（モジュール）として設定し，それを組み合わせて学位とする，という考え方も影響力を持っている。またそれに対応して従来の授業時間と学習時間を基礎とする履修「単位」制ではなく，学習成果を様々な形で認定する「アウトカム基準」の履修評価も考えられる。オンライン大学の代表的な事例として設立されたウェスタンガバナーズ大学はそうした方向での試行を行っている。

　このような考え方が一般化するか否かはわからない。しかしそこに全く可能性がないわけではないことは事実である。いずれにしても，ICTを用いた開放型の高等教育は，情報通信技術を出発点としながらも，社会からのニーズと大学教育とをどのように結び付けるのか，という問題を，その基礎にまでさかのぼって検討することを必要とさせているのである。

参考文献・ホームページ

重田勝介（2014）『ネットで学ぶ世界の大学 MOOC 入門』，実業之日本社

孫福万他編（2015）『英国開放大学研究』中央広播電視大学出版社

袁松鶴他編（2016）『美国鳳凰城大学研究』中央広播電視大学出版社

李林曙主編（2018）『国家開放大学教育統計年鑑』国家開放大学教育出版社

大学 ICT 推進協議会（2014）『MOOC 等を活用した教育改善に関する調査研究』平成 26 年度文部科学省先導的大学改革推進委託事業

苑復傑・中川一史（2014）『情報化社会と教育』放送大学振興協会

放送大学学園（2011）『ICT 活用教育の推進に関する調査研究』（平成 21 年度・22 年度文部科学省先導的大学改革推進委託事業報告書）

大学 ICT 推進協議会　https：/axis.jp/ja

日本オープンオンライン教育推進協議会　http：//www.jMOOC.jp/about/

9 | メディアを活用した授業づくり

中川　一史

《**目標＆ポイント**》　メディアは ICT や情報通信技術に限らない。本授業では，様々なメディアを活用した授業づくりについて，事例を示すとともに，その工夫や留意点などについて検討する。
《**キーワード**》　様々なメディア，授業づくり，事例，工夫，留意点

1. 様々なメディアと授業づくり

　メディアは ICT や情報通信技術に限らない。本節では，まず，映像情報と言語情報を関連させた学習活動について述べる。特に，写真や挿絵・イラストなどの映像メディアは，どの教科・領域においても，イメージを拡張する場面や情報を補完する場面，考えを整理するために視覚化する場面などに欠かせない。次に，第1章でも触れた学校放送を活用した学習活動について述べる。学校放送は，「メディアで学ぶ」「メディアを学ぶ」内容が含まれている。

　最後に，ICT を活用した学習活動について述べる。ICT を活用した学習活動については，特に，第2章から第8章までで紹介してきたが，映像メディアと言葉・文章を関連させた学習活動にからめて，述べていきたい。

1）映像メディアと言葉・文章を関連させた学習活動
　国語科においての「話す・聞く」「書く」「読む」それぞれの領域にお

いても，映像情報は欠かせない。物語的な文章教材ではイメージの拡張に挿絵が配置されたり，説明的な文章教材では，情報の補完に図表や写真が配置されたりしている。また，何かを示しながら話す活動や映像メディアと言葉・文章を組み合わせて書く活動などが，教科書上でもたくさん登場する。筆者は，国語科での映像メディアの活用について教師が意識できるように，前回小学校指導要領で「見ること（映像メディアを読み取る）」「見せること・つくること（示しながら話す）」「見せること・つくること（組み合わせて書く）」を示したが，現行の学習指導要領の内容に合わせて修正を行ったのが，次ページの表（中川ら，2019）である。

国語科での映像メディアの活用

	映像のメディアの理解	映像のメディアの表現	
	読み取る	示しながら話す	組み合わせて書く
低学年	●絵や写真の構成要素を比較する ●絵を見て気づいたことを言葉にする ●絵や写真と文章を対応させながら読む	●話す順序や事柄に合わせて、自分で描いた絵や実物・写真を見せながら話す	●絵や写真を用いて、日記や記録・報告する文章を書く ●絵や写真から想像を広げて、物語を書く
中学年	●絵や写真の構成要素を分類する ●写真や図表からわかったことを言葉や文章にする ●絵や写真、図表と文章が補完しあっていることについて理解する	●物・絵・写真・図表などの資料を使って理由や事例をあげて説明する ●内容に合わせて、実物・絵・写真・図表を指し示しながら話す	●写真や図表の特性をふまえ、文章との整合性を考えて、学級新聞やリーフレット、報告、説明する文章を書く ●絵や図などから発想して、状況や設定を考えて物語を書く
高学年	●絵画や写真の構成要素を分析し解釈する ●絵や写真、図表と文章の選択・組み合わせから、論の進め方の工夫を考える ●絵や写真、図表を比較や分類をしたり、関係づけたりして言葉や文章にする	●図やグラフを根拠に、事実と感想、意見を区別して提案するなど、話す構成を考える ●目的や相手、状況などを踏まえ、話す内容と資料との整合、適切な時間や機会での資料の提示の仕方などに留意して話す	●さまざまな資料からテーマにあった図表やグラフなどを引用して、意見や考えを伝えることを書く ●絵や写真、図表などを効果的に組み合わせ、パンフレットなど、説明する文章を制作する

2）学校放送を活用した学習活動

　活用するタイミングによって，NHK for School（学校放送）活用の意
図もかわってくる。村井(2007)は，「つかむ」「調べる」「まとめる」「広
げる」という4つのパターンを示している。

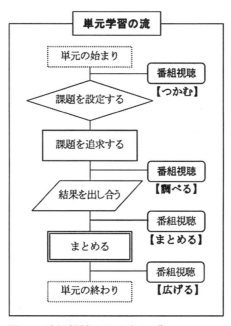

図1　番組視聴のタイミング

　学校放送に関しては，2000年代の学校放送の1つの特徴として，宇
治橋（2019）は，「従来の教科の枠に入らないが，子どもたちに必要な
課題を番組として提示することは，教科書などの印刷メディアにはない，
速報性のある放送メディアとしての特性を生かした試み」としている。
また，学校放送自体も，インターネットで視聴できるように，NHK for
schoolとして番組とデジタルコンテンツであるクリップをWeb上で公

開している。さらに，タブレット端末等の学習者用コンピュータでの活用例も紹介している。（図2）

図2 「NHK for school をタブレット端末で使おう！」
（http : //www.nhk.or.jp/school/tablet_kenkyu/）

3）ICT を活用した学習活動

　今後，タブレット端末などの学習者用コンピュータの整備が進み，活用頻度が高まると考えられる。タブレット端末などの学習者用コンピュータに関しては，以下の4つの特徴がある。

（1）パーソナル（個々への対応が可能になる）

　映像で児童生徒が撮った映像やインターネットで検索した内容等を確認する場面では，一斉（同時）に大映しの画面で視聴させていた。しかし，タブレット端末等が整備されると，個人やグループ単位での情報提示・視聴・学習が可能になる。

（2）コンパクト（気軽に持ち運び使える）

　これまで商店街の取材に活用する際にはデジタルカメラを持ち込んでいた。しかし，その画面はグループでその場で確認するには小さかった。タブレット端末等を持ち運ぶようになり，数人で大画面により確認することができるようになった。

（3）オールインワン（一連の学習を1台で済ませることができる）

　タブレット端末などの学習者用コンピュータ1台で情報収集から撮影，編集，表現，転送，保存まで可能になる。一人1台常時使える環境では本格的な学びのツールとなることも期待できる。

（4）プラットフォーム（友達との情報共有の拠点となりうる）

　自身の考えについて，ある資料上に各自がタブレットに書き込むと，それがグループ内の全児童の端末に反映・表示される。リアルタイムでその差異を可視化でき，それを見ながらディスカッションすることも可能である。

　これらの特徴を踏まえて，適切に活用することで，映像メディアと言葉・文章を関連させた学習活動を円滑に行うことができる。

2. 様々なメディアを活用した授業づくり事例

　本節では，「映像と言葉・文章を関連させた学習活動」「NHK for School（学校放送）を活用した学習活動」「ICTを活用した学習活動」について，事例を紹介する。

1）映像と言葉・文章を関連させた学習活動

（事例1）小3・国語「はっとしたことを詩に書こう」

　フォトポエムは，写真と言語を組み合わせたマルチモーダル・テクストの一つである。詩の創作活動の楽しさを実感させるために，写真と詩を組み合わせたフォトポエムの創作活動を行う。フォトポエムの制作は，写真撮影，詩の創作，写真と詩の組み合わせの3つの活動で構成される。写真撮影の場面では，視点を変えて対象を見つめ直し，新たな気付きを促したり，五感で感じた感動を意識化したりすることができる。詩の創

作の場面では，写真から言葉を引き出し，写真と照らし合わせながら言葉を吟味することができる。写真と文字の組み合わせの場面では，文字の色・フォント・大きさ・位置などのデザインの工夫による，表現の効果を感得することができる。また，創作したフォトポエムを相互評価することで，一人ひとりの感性や表現のよさを認め合うことができる。

　これらの活動を通して，写真と言葉の相補的・相乗的な関係により意味構築されていることや，写真と言葉の非類似性が大きいほど重層的な意味解釈が生まれることを，児童の発達段階に応じて理解させることができる。

写真1　子どもの作品

（事例2）小6・国語「リーフレットを作ろう」

　「情報を読み手にわかりやすく伝えるために，絵や図と言葉を関係付けたり，リーフレットの形式を活かしたりして，効果的に書き表すことができる。」ことをねらいとして，保護者に運動会の頑張っている自分の姿をよりよく記録してもらうこと，そして，運動会がより楽しめるようにすることを目的としたリーフレット制作を行なった。

　相手意識と目的意識をしっかりと持たせ，保護者の立場でどのような

情報が必要なのか考えさせ，必要な情報を取捨選択させた。また，絵や
図と言葉の働きを意識させ，リーフレット形式を生かした表現を工夫さ
せた。出来上がったリーフレットを実際に保護者に活用してもらい，リー
フレットの効果を評価してもらった。

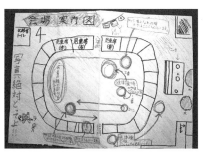

写真2　子どもの制作したリーフレットと保護者の評価

2）NHK for School（学校放送）を活用した学習活動

（事例3）小3・理科「こん虫のからだのつくり」

　NHK for School『カガクノミカタ』第1回「作ってみる」を視聴し，
身近にいるアリはどのような体のつくりになっているのかを考える。番
組視聴後に，アリの模型を粘土で作る。実際に作り始めると，アリの体
のつくりについて様々な疑問が生まれてくる。そこで，グループ（3人）
に1台のタブレット端末を準備し，番組を再視聴してアリの体のつくり

の確認がきるようにしておく。模型作りを通して，観察が苦手な児童も昆虫の体のつくりについて，しっかりと理解することができる。また，タブレット端末で，NHK for School の『ものすごい図鑑』等のデジタルコンテンツを表示し，実物と見比べながら相違点を確認することで，昆虫の体のつくりについての理解が深まる。

写真 3　活動の様子とノート

（事例 4 ）小 6 ・体育「マット運動」

　身体的有能さの認知を高めるために，NHK for school やタブレット端末を活用し，一人ひとりが手本と自分の動きの差異が具体的に認識できるような工夫をした。また，授業ごとの試技の様子をタブレット端末に蓄積していき，自己の伸びを仲間と互いに確認できるようにした。

　本実践では 3 つの工夫を行っている。①評価カードで一つ一つの動きを細かく分節化し，タブレット端末で映像を止めて一つ一つの動きを確認できるようにした。②動きの認識を深めるために，コツを言語化させた。③試技をしながら，手本となる動きを確認できるような場の設定をした。また，手本は数秒の動画設定をしたことで，児童の運動量の確保と試技と映像での確認の回数（思考する機会）を増やすことができた。

　次に，タブレット端末の授業での直接活用だけではなく，情報を次時

等に生かすための間接活用の意識をした。授業後のタブレット端末を活用した相互評価では，次時のめあてを持たせるようにした。また，教師は，映像に指導言葉を関連付けて掲示資料等に生かした。さらに，蓄積した映像を活用し，児童に最初と今の技の出来映えを比較させ，成長を自覚させた。

写真4　活動の様子

3）ICT を活用した学習活動

（事例5）小2・生活「まちをたんけん　大はっけん～みどりのまちのいいところを紹介しよう～」

　普段何気なく見ている自分のまちのよさに気付けるようにするため，直接地域に関わる活動と気付きを表現する活動を充実させて，子どもの気付きの質を高めた。まず，子どものまち探検への思い（「こだわり」）を高める授業展開として，二次ではクラスでのまち探検を通して様々な発見と疑問を共有できるようにし，三次ではその発見や疑問を基にして，もっと調べたい「こだわり」グループでのまち探検を実施した。

　用水グループは，「みどりのまちの用水は飲めます。地下100mからくみ上げているからです」と紹介して動画を見せる。視聴後には準備していた地下水を全員で飲む。ポンプから流れ出る水の勢いや音，透明感

を動画は伝えていた。地下100mの量感はあやしいが，映像と手元の水から，少なくともみどりのまちの地下には飲めるほどきれいな水があることは共有できたのではないかと考える。この後発表した健民プールグループも「プールの水は井戸水」との情報をプールの写真とともに伝えたこともあり，学習記録カードに初めて「みどりのまちのいいところ」として「地下水」という言葉が登場してきた。

　地下水が湧き出る動画やきれいなプールの写真だけでなく，6つのグループはそれぞれに映像を使って「いいところ」紹介していた。映像は子どもの言語表現を支える1つのアイテムになる。小2の子どもにもタブレット端末を使うことで映像の活用が容易にできた。

　　　写真5　視聴した映像と活動の様子

（事例6）小5・社会「さまざまな自然とくらし」

　沖縄と北海道の小学校との交流学習を核とした，暖かい地方や雪の多い地方に住む人々のくらしについての学習を通して，情報社会におけるコミュニケーションの一つとしてのテレビ会議での関わり方を実践的に学んだ。

　北海道の学校との交流では，北海道の小3の総合的な学習で調べた

「雪」に関する発表を聞いた。発表から気付いた自分たちの地域と雪の多い地域との生活や文化の違いや疑問を基に，学習課題を設定した。自分たちの地域から見た北海道のよさや生活文化の工夫について伝えることを目的に伝え方を工夫することができた。調べた内容は，協働学習支援ツールを活用して新聞形式してまとめて伝えた。また，その内容の正誤や感想やコメントを交流校が書き込みを行った。その後，今度は自分たちの生活や文化についてテレビ会議システムを使って，北海道の小3生に伝える活動を行った。学年の違う小3生はどのような生活や文化に興味を持つのか予想し，グループにごとにテーマを設定し伝え方を工夫した。児童はテレビ会議というメディアの特質を理解し，それに合わせた伝え方について考えることができた。これらの活動を通して，メディアの特質に合わせた表現方法についての理解を深める共に，自己や自分の地域のよさについての気付きを深めることができた。また，携帯端末の向こう側には人がいるという感覚を感得することができた。

写真6　活動と書き込みの様子
実践情報及び資料提供：
事例5：海道　朋美氏（金沢市立田上小学校）
事例1，2，3，4，6：石田　年保氏（松山市立椿小学校）

3. 様々なメディアを活用した授業づくり留意点

メディアを活用した授業づくりにおいて，情報通信技術を活用する上で，どのような留意点があるだろうか。

1）「理解」と「表現」の行き来を意識させる

これまで述べてきたように，児童生徒が適切にメディアを活用していくには，理解するだけでも，表現するだけでも充分とは言えない。情報を読み取る，読み解くことで，表現活動時に，受けての情報などを踏まえて表現する力や自分の考えを効果的に伝達する力となる。また，表現活動を経験することで，情報を的確に把握する力や自分に必要な情報を選択する力となる。（図3）

図3　理解と表現の往還

2）相手意識と目的意識をしっかりとおさえさせる

現在，国語科を中心に，図表などを示しながら友達に説明したりする学習活動，新聞・ガイドブック・リーフレット・パンフレットなどで写真やイラスト，図表などと文章を組み合わせて作る学習活動などが多く見受けられるようになった。このような活動では，相手意識と目的意識

をしっかりとおさえていなかった場合，すべての活動が曖昧になってしまう。表面的に「調べる」「まとめる」「発表する」活動のみをさせている授業は，指導案の計画通りには進んでいるかもしれないが，相手は誰で内容についてどこまで知っているのか，活動のゴールは何なのか，また，教師がどのように介在するのか，メディアとどのように対峙するのかなどにしっかりと踏み込むことが重要である。

参考文献

中川一史（監修），国語と情報教育研究プロジェクト（編著）(2015) 小学校国語　情報・メディアに着目した授業をつくる，光村図書出版

村井万寿夫，中川一史 (2007) 小学校におけるメディア活用の授業デザインと期待できる学力，第14回日本教育メディア学会年次大会発表論文集，pp.64-67

宇治橋祐之 (2019) 教育テレビの60年学校放送番組の変遷，NHK放送文化研究所年報2019 No.63，pp.131-193

中川一史，佐藤幸江，山貝和義 (2019) 新学習指導要領に対応した小学校国語科における映像メディア理解・表現に関わる到達目標の開発の試み，日本教育メディア学会第26回年次大会発表集録，pp.21-22

10 | メディア教育で育むメディア・リテラシー

中橋　雄

《**目標＆ポイント**》　本章では，メディア教育によって育まれるメディア・リテラシーという能力の概要について解説する。まず，先行研究を参照しながらメディア・リテラシーという言葉の定義について整理する。また，ICT によるコミュニケーションの変化やデジタルネイティブといわれる世代の登場を踏まえ，ICT 時代，あるいはソーシャルメディア時代のメディア・リテラシーについて研究する重要性について検討する。
《**キーワード**》　メディア，リテラシー，定義，ICT，デジタルネイティブ

1. はじめに

　2019 年現在，学習指導要領の中でメディア・リテラシーという言葉は使われていないが，社会科，情報科，国語科など，文部科学省の検定を受けた初等中等教育の教科書のうち，この言葉が使われている出版社のものもあり，数年前と比べて一般市民にも認知される言葉になってきた。また，パンフレット，新聞，ポスター，ビデオなどを制作する学習活動の例が教科書や指導書の中で示されている。そうした学習活動を通じてメディアの特性について学び，メディア・リテラシーを育むメディア教育を実現している事例もある。

　日本におけるメディア・リテラシー（Media Literacy）という言葉は，「マスメディアにだまされないように情報を批判的に読み解く能力」と

して認識されていることが多い。しかし，学術的な整理を紐解くと，それは一面的な捉え方であることがわかる。その能力が求められる理由，言葉の定義や能力の構成要素は，もっと多様であり，複合的な概念として整理されている。

　学校教育の現場においては，メディア・リテラシーを育むためにメディア教育（Media Education）の実践と研究が行われてきた。ただし，その目的や方法が，世界共通あるいはわが国において全国共通のものとして定められているわけではない。その重要性を認識している教師や研究者によって試行的に実践と研究の蓄積が行われてきた。まずは，その概念について知ることが重要である。

　本章では，「メディア・リテラシー」とは，どのような意味を持つ言葉なのか。なぜ学ぶ必要があるのか。教育とどのような関わりがあるのかを説明する。そのために，まず「メディア」という言葉と「リテラシー」という言葉が持つ意味を理解しておく必要がある。

2. メディアとは

　英語のメディア（media）は，メディウム（medium）の複数形であり，辞書では，「（伝達・通信・表現などの）手段，媒体，機関」「媒介物，媒質，媒体」「中位，中間，中庸」「中間物」などといった言葉で説明されている。また，水野（1998）は，私たちがメディアという言葉を使う時に指し示すものを次のように整理するとともに，こうした要素が組み合わさって機能する1つのシステムとして「メディア」を捉える重要性を指摘している。

---

①　何らかの「情報」を創出・加工し，送出する「発信者」

②　直接的に受け手が操作したり，取り扱ったりする「（情報）装

　置」
③　そのような情報装置において利用される利用技術や情報内容，
　つまりソフト
④　情報「発信者」と端末「装置」あるいは利用者（受け手）とを
　結ぶ「インフラストラクチャー（社会基盤）」もしくはそれに準
　ずる流通経路

　1つめの「発信者」は，情報を媒介する「人」をメディアの一部とし
て捉えている。例えば，マスコミに携わる人は，社会的な役割として「メ
ディア」と呼ばれることがある。

　2つめの「装置」は，情報を媒介する「もの」をメディアの一部とし
て捉えている。例えば，ラジオ機器，テレビ受像機，パソコン，スマー
トフォン，書籍や紙などを「メディア」と呼ぶことがある。

　3つめの「情報内容」は，意図を持って構成された「メッセージ」を
メディアの一部として捉えている。例えば，ニュース番組，ドキュメン
タリー，ドラマ，コマーシャルなどを「メディア」と呼ぶことがある。

　4つめの「インフラストラクチャー」とは，技術的・社会的に取り決
められた「仕組み」をメディアの一部として捉えている。例えば，郵便，
放送，通信といった情報網を「メディア」と呼ぶことがある。

　このように，「メディア」という用語は，それが指し示すものや，そ
の用語が用いられる文脈によって意味を変える多義的なものである。そ
して，日常会話の中で個々の要素を指して「メディア」と呼ぶことはあ
るが，それはあくまでもメディアを構成する要素でしかない。これらの
要素が組み合わさり，送り手と受け手の間を媒（なかだち）する1つの
システムとして機能するものを「メディア」として捉える必要がある。

　例えば，テレビ受像機は，人によって番組が制作され，放送として流

れることによって，送り手と受け手の間を媒介するメディアとなりうるが，そのように機能しないのであれば，メディアではなく，ただの箱でしかない。私たちは，「メディア」を「出来事や考えを伝えるために送り手と受け手の中間にあって作用するすべてのもの」という概念として捉える必要がある。

3. リテラシーとは

次に，リテラシー（literacy）という言葉の意味について説明する。一般的にリテラシーは，「文字を読み書きする力」「識字能力」と捉えられている。文字を読み書きできないことを意味するイリテラシー（illiteracy）という言葉と対をなすものであり，リテラシーがないと社会生活で不利益を被ることになるような，最低限必要とされる能力という捉え方をされることがある。しかし，歴史的変遷の中で，その捉え方も広がりのあるものになってきている。

教育統計の目的で使用されているリテラシーの定義は1978年のユネスコ総会で採択された。「リテラシー：日常生活に関する簡単かつ短い文章を理解しながら読みかつ書くことの両方ができること」という基礎的なものに加え，「機能的リテラシー：そのものが属する集団及び社会が効果的に機能するため並びに自己の及び自己の属する社会の開発のために読み書き及び計算をしつづけることができるために読み書き能力が必要とされるすべての活動に従事することができること」までも含めて捉えられてきている（中山，1993　pp.85）。

つまり，「リテラシー」とは，単なる識字能力だけを意味するのではなく，能動的に社会に関わり，課題を解決して社会を開発していけるだけのコミュニケーション能力まで含むということである。

このように「メディア」と「リテラシー」という用語は，どちらも解

釈の幅をもった多義的な言葉である。そのため，その 2 つの用語の組み合わせで成り立っている「メディア・リテラシー」という言葉も，使われる文脈に応じて意味を変える多義的な言葉であるといえる。つまり，どのような時代背景のもとで必要性が語られているのか，どのような立場の人が必要性を語っているのか，その文脈によって意味を判断しなければならない用語なのである。

　そこで，これまでに研究者などによって示されてきたメディア・リテラシーの定義について例を挙げて理解を深めていきたい。

4．メディア・リテラシーの定義

　まず，鈴木（1997）は，「メディア・リテラシーとは，市民がメディアを社会的文脈でクリティカルに分析し，評価し，メディアにアクセスし，多様な形態でコミュニケーションを創り出す力を指す。また，そのような力の獲得を目指す取組もメディア・リテラシーという。」とメディア・リテラシーを定義している。これは，メディアの分析，評価に力点がある。インターネットが広く普及する前の定義であり，主にマスメディアに対する受け手としての市民に求められる能力を想定した表現であるといえよう。

　次に，水越（1999）は，「メディア・リテラシーとは，人間がメディアに媒介された情報を構成されたものとして批判的に受容し，解釈すると同時に，自らの思想や意見，感じていることなどをメディアによって構成的に表現し，コミュニケーションの回路を生み出していくという，複合的な能力である。」と，表現能力を重視することまで含めて定義している。

　さらに，こうした日本の代表的な研究者の定義の共通点と相違点を踏まえた上で，中橋（2014）は，「(1) メディアの意味と特性を理解した

上で,（2）受け手として情報を読み解き,（3）送り手として情報を表現・発信するとともに,（4）メディアのあり方を考え,行動していくことができる能力」のことであると再定義している。これは,ソーシャルメディア時代において能動的に社会に関わり,課題を解決して社会を開発していけるだけのコミュニケーション能力の要素を重視している定義だといえる。

　このように,時代や立場によって求められるメディア・リテラシーの捉え方,力点の置かれ方は異なる。メディア・リテラシーとは,マスメディアとしての大手企業が従事しているマスコミュニケーションのみを対象とした能力だけを指すものではない。手紙や電話のように相手が特定されたパーソナルコミュニケーションも含む。さらには,インターネットのように不特定多数の人と関係性を築くことができるネットワーク型のコミュニケーションも含む。それだけに,「誰のための,何のための,どのようなメディア・リテラシーなのか」を絶えず確認し,その意味するところを共通認識する必要がある。

　山内（2003）は,デジタル社会において必要不可欠な素養として主張されているリテラシーには,「情報リテラシー」「メディアリテラシー」「技術リテラシー」という3つの流れがあるとしている。そして,その重点の置き方が異なる3つのリテラシーが,どのように関係しあっているのかについて図1のように整理している。「情報リテラシー」は,人間が情報を処理したり利用したりするプロセスに注目し,情報を探すこと・活用すること・発信することに関するスキルを身につけることをねらいにしている。「メディアリテラシー」は,人間がメディアを使ってコミュニケーションする営みを考察し,メディアに関わる諸要因（文化・社会・経済）とメディア上で構成される意味の関係を問題にしている。「技術リテラシー」は,情報やメディアを支える技術に注目し,その操

作及び背景にある技術的な仕組みを理解することを重視している。こうした3つの流れは，それぞれに範囲を広げながら発展しているため，重なり合う領域は大きくなってきていると考えられる。

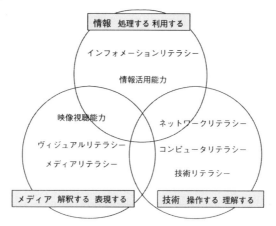

図1　情報・メディア・技術のリテラシーの相関図（山内，2003）

5．メディア・リテラシーの構成要素

　以上のようなメディア・リテラシーの定義からもわかるように，メディア・リテラシーは複合的な能力であると考えることができる。では，このメディア・リテラシーという複合的な能力は，どのような能力項目から構成されているのだろうか。その構成要素について考えていきたい。

　Meyrowitz（1998）は，メディアの多様な概念理解のために，少なくとも次の3つの異なるメディア・リテラシーの存在を理解する必要があるとしている。

　①　メディアから表現されている情報内容を読み書きできる力

　②　メディア文法を読み書きできる力

　③　メディア（媒体）が構成するコミュニケーション環境の特徴を読

み書きできる力

　情報内容の理解のみならず，表現の工夫や意図，そのメディアが持つ可能性や限界などの特性によってコミュニケーションの質が変わることを理解する重要性が指摘されている。

　また，水越（1999）は，メディア・リテラシー論には，①マスメディア批判の理論と実践，②学校教育の理論と実践，③情報産業による生産・消費のメカニズムという3つの系譜があるとしている。そして，メディア・リテラシーは，それらの系譜を背景とする次の3つの能力が相互補完的に複合されたものと説明している。

- メディア使用能力：ビデオカメラの撮り方がわかったり，ワープロが使えたりする。

- メディア受容能力：テレビ番組や新聞記事を，送り手のいうとおりに鵜呑みにはせず，批判的に読み解いていく。

- メディア表現能力：メディアを用いて自分自身やグループの意見を発表したり，議論の場をコーディネートできる。

　そして，旧郵政省（2000），現総務省が公開している「放送分野における青少年とメディア・リテラシーに関する調査研究会報告書」におけるメディア・リテラシーの構成要素は，複数の要素からなる複合的な能力で，次のように説明されている。

---

①　**メディアを主体的に読み解く能力**。
　ア　情報を伝達するメディアそれぞれの特質を理解する能力
　イ　メディアから発信される情報について，社会的文脈で批判的（クリティカル）に分析・評価・吟味し，能動的に選択する能力。

② **メディアにアクセスし，活用する能力。**

　メディア（機器）を選択，操作し，能動的に活用する能力。

③ **メディアを通じてコミュニケーションを創造する能力。**

　特に，情報の読み手との相互作用的（インタラクティブ）コミュニケーション能力。

　中橋（2014）は，新聞・雑誌・テレビ・ラジオなどのマスメディア対個人という関係性の中で，情報を批判的に読み解くということが中心的課題とされてきたメディア・リテラシーに加え，インターネットやソーシャルメディア時代に対応したメディア・リテラシーの構成要素を次のような 7 カテゴリー 21 項目に整理した。(3)と(4)は主に受け手として，(5)と(6)は主に送り手として，(1)と(2)と(7)はその両方に関わる能力項目である。

（1）メディアを使いこなす能力

　a．情報装置の機能や特性を理解できる

　b．情報装置を操作することができる

　c．目的に応じた情報装置の使い分けや組み合わせができる

（2）メディアの特性を理解する能力

　a．社会・文化・政治・経済などとメディアとの関係を理解できる

　b．情報内容が送り手の意図によって構成されることを理解できる

　c．メディアが人の現実の認識や価値観を形成していることを理解できる

（3）メディアを読解，解釈，鑑賞する能力

　a．語彙・文法・表現技法などの記号体系を理解できる

　b．記号体系を用いて情報内容を理解することができる

c．情報内容から背景にあることを読み取り，想像的に解釈，鑑賞できる

(4) メディアを批判的に捉える能力

a．情報内容の信憑性を判断することができる

b．「現実」を伝えるメディアも作られた「イメージ」だと捉えることができる

c．自分の価値観に囚われず送り手の意図・思想・立場を捉えることができる

(5) 考えをメディアで表現する能力

a．相手や目的を意識し，情報手段・表現技法を駆使した表現ができる

b．他者の考えを受け入れつつ，自分の考えや新しい文化を創出できる

c．多様な価値観が存在する社会において送り手となる責任・倫理を理解できる

(6) メディアによる対話とコミュニケーション能力

a．相手の解釈によって，自分の意図がそのまま伝わらないことを理解できる

b．相手の反応に応じた情報の発信ができる

c．相手との関係性を深めるコミュニケーションを図ることができる

(7) メディアのあり方を提案する能力

a．新しい情報装置の使い方や情報装置そのものを生み出すことができる

b．コミュニティにおける取り決めやルールを提案することができる

c．メディアのあり方を評価し，調整していくことができる

　以上のように，複数の構成要素からなるメディア・リテラシーをどのように捉えるかということについても，いくつかの整理がある。これらを踏まえてメディア・リテラシーの概念を把握する必要がある。

6．ICT とメディア・リテラシー

　現代社会におけるメディア・リテラシーを考えるにあたり，無視できないのが ICT の存在である。様々な分野に ICT が導入されたことで，人と人との関わり方，社会の構造が大きく変化しつつある。例えば，Facebook や Twitter などが政治家の選挙戦略に使われたり，市民によって政治批判やデモの呼びかけに使われたりした事例は，社会的にも，政治的にも大きな影響力があるものとして機能したことを感じさせる。

　もちろんマスメディアを担ってきたマスコミ業界も既存の媒体を活かしながら ICT の活用を進めているが，一般の市民が情報発信できる環境が生まれることによって，人と人との関係性はこれまでと異なるものになった。マスコミ関連企業に限定されない情報発信が増えることには，多様なものの見方や考え方に気付かせてくれるよさがある。その一方で，真偽が不確かな情報や，稚拙で人を不快にさせる情報が蔓延してしまうことも危惧される。そのため，現代社会を生きる人々には，送り手としても，受け手としてもメディア・リテラシーを育むことが求められる。

　歴史的な変遷の中で，情報通信技術の開発が進み，表現技術の工夫が蓄積されてきた。情報の流通経路，情報の発信者も多様化している。メディアを介したコミュニケーションが，人をつくり，文化をつくり，社会をつくり，そして，また新しいメディアをつくる，こうした循環の中に我々は存在している。このような観点をもって ICT 時代のメディアに関わる事象を捉え直すことが，メディア・リテラシーを高めることにつながる。

7．デジタルネイティブと価値観

　ICT によって実現したソーシャルメディアは，実際に会ったことのない人同士をつなぐことを可能にした。例えば，Facebook や Twitter などの企業が提供するサービスによって，つながりをつくりやすい環境が生まれている。そのような環境では，世代や地域を越えて自分にない能力を持った人に仕事を依頼したり，協力して複雑な課題解決をしたりすることができる。これまでになかった創造的な営みが生じることとなった。しかし，価値観の異なる人同士の関わりは，時として混乱や争いを生じさせる危険性がある。価値観の異なる人々が共存し，一つの社会を形成していくためには，お互いの価値観が異なることを認める努力が必要になる。

　ICT を活かした新しいコミュニケーションの回路は，この十数年の間に急速に広まり，独特なライフスタイルや価値観を持つ世代を生み出した。こうした新しい価値観を持った世代を「デジタルネイティブ」という言葉で表すことがある。「デジタルネイティブ」とは，物心ついた時には，すでに ICT が身の周りに存在していた世代のことである。デジタルネイティブを研究しているハーバード大学ロースクールのパルフレイ氏は，デジタルネイティブについて次のような特徴を挙げている。(三村ら，2009)

１．インターネットの世界と現実の世界を区別しない。
２．情報は，無料だと考えている。
３．インターネット上のフラットな関係になじんでいるため，相手の地位や年齢，所属などにこだわらない。

　こうしたデジタルネイティブ世代の価値観とデジタルネイティブ以前の世代が持つ価値観は，大きく異なると言われている。つまり，デジタルネイティブ以前は，インターネットの世界と現実の世界を区別しようとしたし，情報は有料だと考えていた。そして，地位や年齢や所属にこだわる価値観を持っていたと考えられている。

　また，こうした価値観の違いは世代の違いだけでなく，文化圏の違いによっても生じることが予想される。ICT の持つ新しい可能性を活かすために，このようなメディアに関わる世界観や価値観の違いにも目を向けて，ICT 時代，あるいはソーシャルメディア時代のメディア・リテラシーについて研究を行うことが重要である。

8．実践事例

　山田秀哉氏（当時，札幌市立稲穂小学校・教諭）は，「5年　社会　これからの自動車づくり」の授業で Facebook を活用する試みを行った。この実践は，子どもたちが考えた「未来の車」を紹介するリーフレットとプレゼンシートを制作するというものである。

　4名程度を1チームとして計7チームそれぞれが，独自の会社から新車を発表するという設定で学習が進められた。新車の企画開発担当者となった子どもたちは，現在どのような車が作られているのか，教科書，資料集，ホームページなどを調べて学ぶ。（次ページの図2）

　それを踏まえ，子どもたちは，消費者のニーズを知るためのアンケートを作成する。そのアンケートは，学年の子どもたち，学校の職員，保護者等といった身近な人だけでなく，教師と Facebook でつながりのある遠方の協力者からも回答を得た。Facebook 上で教師が協力を呼びかけ，それに応えた協力者約 100 名が参加登録をした。協力者の職種・年代・居住地域は多種多様であった。

図2　チームで調べてまとめる活動

　アンケートの調査結果から，車選びの観点は大人と子どもで明らかな
違いがあることがわかり，各グループが新車のアイデアを出す際に活か
された。子どもたちは，未来の自動車像を絵に描き，その特長をまとめ，
リーフレット，プレゼンシートを制作した。（図3，図4）

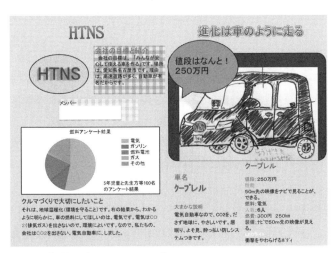

図3　作品1（リーフレット）

図4　作品2（リーフレット）

　完成した作品は，クラスでの発表会とは別に，Facebook のグループ
にもアップロードして，オンライン上でコメントを受け付けた。協力者
からは，よい点を褒める感想や，更によいものにするためのアドバイス
を得ることができた。（図5）

図5　発表会後の教師の振り返り

　この実践は,「メディア・リテラシーの育成」を主たる目的としたものではない。しかし,子どもたちはインターネットというメディアがもたらす人と人との関わりについて実感をもって学ぶ機会を得ることができたと考えられる。教室にいながら（教師の知り合いとはいえ）顔も知らない多種多様な人々と関わりをもち,しかも,自分たちの課題を解決するためのヒントを得たり,アドバイスを受けたりすることができた。

　つまり,子どもたちは,複雑な課題を解決するための一つの手段としてFacebookを活用できることを知った。それは,インターネットを介したコミュニケーションの特性について考える契機となる。そういう意味において,この実践はソーシャルメディア時代のメディア・リテラシーを育む実践だったと言えるだろう。

引用・参考文献

水野博介（1998）メディア・コミュニケーションの理論—構造と機能—. 学文社

中山玄三（1993）リテラシーの教育. 近代文藝社

鈴木みどり編（1997）メディア・リテラシーを学ぶ人のために. 世界思想社

水越伸（1999）デジタルメディア社会. 岩波書店

中橋雄（2014）メディア・リテラシー論　ソーシャルメディア時代のメディア教育. 北樹出版

山内祐平（2003）デジタル社会のリテラシー—「学びのコミュニティをデザインする」. 岩波書店

Meyrowitz, J.（1998）Multiple Media Literacies. Journal of Communication. 48(1)：96-108

旧郵政省（2000）放送分野における青少年とメディア・リテラシーに関する調査研究会　報告書.
　http://www.soumu.go.jp/main_sosiki/joho_tsusin/top/hoso/pdf/houkokusyo.pdf

中橋雄・水越敏行（2003）メディア・リテラシーの構成要素と実践事例分析. 日本

教育工学会論文誌 27(suppl.)：41-44

三村忠史（著）・倉又俊夫（著）・NHK「デジタルネイティブ」取材班（著）(2009)
デジタルネイティブ―次代を変える若者たちの肖像（生活人新書）．日本放送出
版協会

付記

　本章は，中橋雄（2014）『メディア・リテラシー論（北樹出版）』2 章・4 章・7
章の一部を基にして執筆したものである。

11 | メディア教育の歴史的展開

中橋 雄

《**目標＆ポイント**》 本章では，「時代背景や立場によってメディア教育の主たる目的は異なる」ということについて理解を深める。イギリス，カナダ，日本の歴史的な系譜について紹介することで，属する社会や時代に応じてメディア・リテラシーのあり方を問い直していく必要があることについて考える。また，日本でメディア・リテラシーが注目された理由の一つともいえる情報教育の展開を確認する。「情報活用能力」の育成を目指す情報教育との比較を通じて，「メディア・リテラシー」の育成を目指すメディア教育の特徴について探る。

《**キーワード**》 歴史的系譜，イギリス，カナダ，情報教育，情報活用能力

1. はじめに

　メディア教育が実践されるようになった歴史的背景には，どのようなことがあったのか。いつ頃，どのように始まり，どのように発展してきたのか。このような問いを持ち，探究することの意義は大きい。

　なぜなら，メディア・リテラシーは，属する社会や時代の背景に応じて，求められる能力要素や主たる目的の置き方が異なるものだからである。目的を見失ったまま形だけのメディア教育を実践したとしても，成果を期待することはできない。何を目的として何を達成できたのか，評価して，改善していくことが重要になる。今，そしてこれからのことを考えるためには，歴史的に蓄積されてきた取り組みや，その成果と課題

に学ぶ必要がある。

　ここでは，早くから公教育にメディア教育を位置付けたイギリスおよびカナダ・オンタリオ州の例を取り上げながら，日本の取り組みを振り返り，その相違点について考えていきたい。

2. イギリスにおけるメディア教育の歴史

　小柳ら（2002）は，イギリスにおけるメディア・リテラシー研究の代表的な研究者である，マスターマンとバッキンガムの立場の違いを検討しながら，時代に応じたメディア教育の展開と遺産について図1のように整理している。

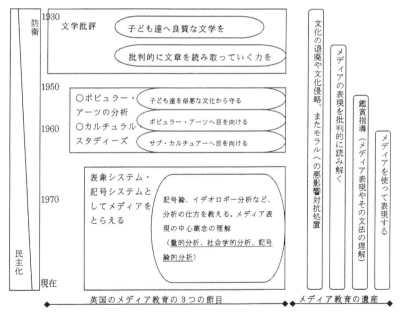

図1　英国のメディア教育の展開と遺産（小柳ら，2002）

　この図では，イギリスのメディア教育の始まりを1930年代に見出している。当時取り組まれたメディア教育は，子どもたちに良質な文学を与え，文章を読み取っていく力を目指した文学批評を主軸としたものであった。これは，「高尚」な文化と「低俗」な文化を区別する目を養い，「低俗」とされるものからは距離を置き，低俗とされた文化による「文化侵略」から子どもたちを守り，啓蒙していこうとする考え方であった。そして，この時低俗とされた文化は，大衆文化であった。

　当時，タブロイド紙や映画などのメディアが普及して大衆文化に人気が集まる一方で，英文学などの教養文化は衰退しつつあった。そうした危機感から，文芸評論家のF.R.リーヴィスとデニス・トンプソンらは，高尚な文化と低俗な文化を見分ける目を養う教育を推進すべきだと主張した。学校教育の中で広告や映画を批評して，高尚文化と相対化するという教育実践が模索されたのである（Masterman, 1985）。

　しかし，1950年代に入ると，多様なメディアと積極的に関わる中で，価値判断できることが重視されるようになり，ポピュラー・アーツとしてのメディアにも光が当てられるようになる。さらに，1960年代には，サブ・カルチャーやカルチュラル・スタディーズの研究にも影響を受け，それまで「低俗」とみなされていたものの価値を認め直す必要性についても議論されるようになった。

　そして，1970年代以降，メディア教育は，メディアを表象システム・記号システムとして捉えて，記号論，イデオロギー批判，メディアの生産と消費に関する社会的な文脈などを観点としてメディアを分析することに重きが置かれるようになった。

　小柳ら（2002）はメディア教育の遺産として，次の4つの教育アプローチが順番に蓄積されていったと整理している。

① 子どもたちを俗悪文化やマス・メディアから守る（防衛的）

② 子どもたちに，マス・メディア等からの情報やその表現を分析し読み解いていく力をつける（分析的）
③ 情報やその表現に対するこれまでの自分の読み方そのものを批判的・反省的に捉えさせる（批判的）
④ 情報およびその表現などを社会的文脈などに即して考え，創造的にメディアとかかわっていく見通しを与える（創造的）

このように，メディアの悪影響から自文化を保護しようとする「防衛」を意図した能力を重視していた頃もあったが，権力の暴走を防ぐことや新しい時代の文化創造に関与する「民主化」を意図した能力を重視する考え方へと徐々に比重が移されてきたことがわかる。

3. カナダにおけるメディア教育の歴史

1960 年代，カナダではメディア論の研究が盛んに行われていた。代表的な研究者であるマーシャル・マクルーハンは「テレビに代表される新しい電気メディアが，活字メディアに枠付けられた人間の思考様式，身体感覚をもみほぐし，活字以前の口承メディアが持っていたような状況に回帰するようなかたちで新たな次元を迎える」とメディア論を展開した。そして，そのような考えに影響を受けた教師たちが，1970 年代以降，草の根的にメディア教育を展開することとなる（水越，1999）。

そうした教師たちが中心となって，1978 年にメディア・リテラシー協会（AML）が設立された。AML がメディア・リテラシーの重要性を訴え，実践的な取り組みを行なう中で，カナダにおけるメディア教育は1980 年代に急速に発展していった。

1980 年代は衛星放送やケーブルテレビなどが発達，普及していった時代である。アメリカとカナダは陸続きで言葉も理解できることから，

アメリカの大衆文化が国境を越えてカナダに持ち込まれていった。その
ことに対して，カナダ人の中にはアメリカの商業主義的な広告や暴力的
な映像などによって，カナダ人のアイデンティティや文化に悪影響があ
るのではないかと危惧する者もいた。このようなアメリカから流入して
くるマスメディアに対して抵抗力を付け，カナダの文化を大切に保護し
ようとする社会的気運が高まり，「メディアの悪影響から子どもを守る」
教育の意義が主張された。

　このような背景のもと，1987 年に世界で初めてオンタリオ州でメディ
ア・リテラシー教育が公教育として取り入れられるようになった。これ
は，① AML の努力，②メディアの変化（ケーブルテレビの普及など）
に対する危機意識をもった社会的土壌，③教育省がカリキュラム改定を
予定していたことなどが重なった事によるものと菅谷（2000）は分析し
ている。

　メディア教育が公教育として実施されることに伴い，1989 年にオン
タリオ州教育省が教師向け「メディア・リテラシー・リソースガイド」
を発行した（Ontario Ministry of Education, 1989）。このリソースガイ
ドでは，何を取り上げ，どう教えるのかという実践のためのレッスンプ
ランが数多くまとめられているが，序章でメディア・リテラシーの概念
や授業方法についての理論にも触れられている。その中で，メディア・
リテラシーは「マスメディアの理解と利用のプロセスを扱うもの」と述
べられており，その当時は，マスメディアと個人の関係性の中で，メディ
ア・リテラシーが捉えられていたことがわかる。そして，メディア・リ
テラシー教育の目標は「メディアに関して，その力と弱点を理解し，歪
みと優先事項，役割と効果，芸術的技法と策略，等をふくむ理解を身に
つけた子どもを育成すること」であり，「単に，より深い理解や意識化
の促進にあるのではなくて，クリティカルな主体性の確立にある」とし

ている。

　上杉（2008）は，「カナダ・オンタリオ州のメディア・リテラシー教育は，イギリスのメディア教育の影響を受けながら発展してきた。しかし，イギリスと異なり，イデオロギー批判を展開したマスターマンの教育学に学んだ教師たちによって，1980 年代半ばから今日に到るまで，マスメディアの商業主義的性格に焦点を当てたメディア・リテラシー教育実践が続けられているところに，その特徴が認められる」と分析している。イギリスでもカナダ・オンタリオ州でもメディア教育が対象としている範囲は広く，一概には言えない部分もあるが，イギリスが大衆文化研究にも力を入れるようになった一方，カナダでは商業主義的性格に焦点を当てたメディア・リテラシー教育にこだわりがあるということである。

4．日本におけるメディア教育の歴史

　村川（1985）によれば，テレビ普及以前の 1950 年代から西本三十二は「ラジオをいかに聴き利用するか学校教育にも考慮されるべきである」と主張していた。また，テレビが普及していった 1960 年代以降も，番組の批判能力の育成や，情報収集，選択，処理能力の育成にまで言及して，映像教育の必要性を提唱する識者も現われ，数は少ないが教育実践も見られたという。メディア・リテラシーという言葉は使われていなくとも，メディア教育に関する芽は古くからあったといえる。

　また，学校教育ではなく社会教育の場において，メディア・リテラシーの重要性を訴える立場もあった。例えば，1977 年に設立された市民団体「FCT　市民のメディア・フォーラム」は，視聴者・研究者・メディアの作り手が，社会を構成する一人ひとりの市民として集い，メディアをめぐる多様な問題について語り合い，実証的研究と実践的活動を積み

重ねていくためのひろば（フォーラム）をつくることを理念に活動を続けてきた。

　1980 年代には，学校教育において放送教育・視聴覚教育の研究者と現場教師が協同し，送り手の意図と受け手の理解を追及する映像視聴能力の研究が行われた。特に，水越敏行・吉田貞介を中心とした研究グループは，多くの実証的な知見の蓄積を行ってきた（例えば，水越，1981，吉田，1985 など）。また，坂元（1986）の研究グループは日本のメディア・リテラシー教育に関するカリキュラム研究開発を行い，多くの成果を残している。

　1990 年代になると，技術的な進歩によってパソコンが多機能化し，マルチメディアやインターネットなどの技術をどのように活かせるのかという可能性が模索されていった。当時，市川（1997）は，「メディア・リテラシーが日本で取りざたされはじめたのは，マルチメディアなどの登場に刺激されてのこと」という，一つの見方を示している。マルチメディアコンテンツを扱えるほどパソコンが高機能化したことで，送り手と受け手の関係性がそこに生まれた。学習者が，この装置をいかに使いこなし，自分の考えをまとめ，表現していくか，情報教育を推進する流れとともに実践的な研究も行われた（例えば，佐伯・苅宿・佐藤・NHK，1993，田中，1995，木原・山口，1996 など）。

　また，インターネットの登場は，さらにその勢いを強めた。世界中のコンピュータがネットワークで結ばれ，ハイパーメディアという構造の中で，マルチメディア情報がやり取りされる。情報が価値を持つ社会の到来が叫ばれ，未来の社会で生きていくために情報通信メディアを活用する能力の重要性が語られるようになった。例えば，情報社会に氾濫する情報に流されないための情報収集・判断能力や，個人が情報を表現し発信していく能力の重要性である。

　1990 年代は，マスメディアによる「やらせ」や「誤報」の問題が社会問題としてクローズアップされた時代でもある。制作者のモラルが取りざたされるとともに，受け手による批判的な判断力を高めるための議論が持ち上がった。この流れを受け，旧郵政省（2000）は「放送分野における青少年とメディア・リテラシーに関する調査研究会報告書」を出した。これは，「放送分野における」と限定されてはいるが，日本で初めて公的な機関がメディア・リテラシーの問題を取り上げたという点で大きな意味を持っている。これは，日本でのメディア・リテラシー研究を活発化させた要因の一つと言える。

　2000 年には，「授業づくりネットワーク」という教師が中心の団体で，「メディアリテラシー教育研究会」が継続的に開かれるようになり，メディア・リテラシーを育む教育に関する研究と実践事例の蓄積を行っている。

　同じく 2000 年には，東京大学情報学環の水越伸・山内祐平を中心に，メディアに媒介された「表現」と「学び」，そしてメディア・リテラシーについての実践的な研究を目的とした，メルプロジェクト（Media Expression, Learning and Literacy Project）が立ち上げられた。

　2001 年度から，メディア・リテラシー教育のための NHK 学校放送番組「体験！メディアの ABC」が放送されるようになり，授業で使えるような教材も蓄積されていった。

　このように，様々な団体・研究者・教育実践者の間で，メディア・リテラシーとその教育に関する取り組みが蓄積されてきた。水越（1999）は，メディア・リテラシー論の系譜として「1．マスメディア批判の理論と実践」「2．学校教育の理論と実践」「3．情報産業の生産・消費のメカニズム」というように，異なる立場の取り組みがあったと整理している。

2015年には，日本教育工学会における SIG（Special Interest Group）の一つとして，「メディア・リテラシー，メディア教育」のグループが設置された（https：//www.jset.gr.jp/sig/sig08.html）。多様な立場で継続的に行われてきた研究知見を体系的に整理するとともに，個々の研究を加速させ，現代的な課題に対応しうる新しい成果を生み出すために，研究交流が行われてきた。

では，公教育の位置付けについては，どうだろうか。日本の学習指導要領には，「メディア・リテラシー」という言葉は使われていないが，文部科学省の検定を受けた教科書の中には，「メディア・リテラシー」という用語を使っているものもある。また，その能力を構成する要素のいくつかは，各教科・領域における指導事項との関連を認めることができる。様々な教科・領域の実践でメディア・リテラシーの構成要素を部分的に育むことができる状況にはある。

以上のことから日本においても，メディア・リテラシーは，現代社会を生きる上で必要とされる能力として捉えられているといえる。また，メディア・リテラシーを育むメディア教育の必要性についても理解されているといえる。しかし，体系的な実践が確実に行われるためには，より明確な公教育への位置付けが示される必要があるといえる。

5．情報活用能力とメディア・リテラシーの接点

以上のように，イギリス，カナダ，日本の例を比較してみると，国によって，あるいは歴史的な背景によって，メディア教育の目的が異なることがわかる。つまり，置かれている社会状況によって求められるリテラシーは異なるし，その意義を主張する立場によって，重点の置かれ方が異なるのである。

ところで，日本でメディア・リテラシーに注目が集まった要因の一つ

に，マルチメディア，インターネットの普及など，情報社会の到来があることを先に述べた。日本の学校教育では，教育行政・政策的な用語として情報社会に生きるための力を「情報活用能力」と定義しており，「メディア・リテラシー」という言葉を使用してこなかった。「情報活用能力」は，「情報活用の実践力」，「情報の科学的な理解」，「情報社会に参画する態度」をバランスよく育むこととされている。そして，「情報活用能力」を育む教育を「情報教育」と呼んでいる。

　「情報活用能力」は，1990 年 7 月に文部省が作成した「情報教育に関する手引」の中で，このような能力として整理されたが，その枠組の中でも情報技術の発展や時代背景によって，概念が拡張されてきた歴史的経緯がある。

　次ページの図 2 は，「情報教育」の概念が時代を経て蓄積・拡張されてきたことを整理したものである。これは，中橋(2005)が，岡本(2000)の整理を踏まえて作成した「第一世代〜第四世代の情報教育」にそれ以降の世代を追加したものである。

　この整理は，情報教育としてすでにあるものを継承しつつ，時代の変化に応じて新しい内容を取り込み，拡張されてきた歴史を示している。そのため，第七世代（2010 年代後半〜）においても第一世代（1980 年代〜）に示したプログラミングやアルゴリズムに関わる内容は情報教育として行われている。

　また，基本的に，技術や社会の変化があった後に学習指導要領などの教育の方針が決まり，教科書なども整っていくため，時代の変化よりも一歩遅れて情報教育の内容が変わる構造を持っている。

・**第七世代の情報教育観　２０１０年代後半〜**
学習の基盤、課題解決、データサイエンス、プログラミング的思考、AI、ポスト・トゥルース時代のメディア・リテラシーを重視

・**第六世代の情報教育観　２０１０年代前半**
クラウドコンピューティング、つながりがつながりを生むソーシャルメディア時代のメディア・リテラシーを重視

・**第五世代の情報教育観　２０００年代後半**
ユビキタスコンピューティング、ユーザーが情報コンテンツを生みだすWeb2.0時代のメディア・リテラシーを重視

・**第四世代の情報教育観　２０００年代前半**
コミュニケーションメディアとしての利用、ネットワーク時代に求められるメディア・リテラシーを重視

・**第三世代の情報教育観　１９９０年代後半**
問題解決・計画・表現の手段としての分析・統合、創作、表現等の能力を重視

・**第二世代の情報教育観　１９９０年代前半**
文書処理、表計算、データベース、描画、パソコン通信等の応用ソフトウェアの利活用スキルを重視

・**第一世代の情報教育観　１９８０年代**
コンピュータの仕組みの理解、プログラミング、アルゴリズムファイル処理等を重視

図2　時代ごとに拡張されてきた情報教育観

1）第一世代の情報教育（1980年代〜）

　第一世代の情報教育（1980年代〜）は，コンピュータ（ハードウェア）の仕組みやプログラミング，アルゴリズム，ファイル処理等を重視していた。この時代のコンピュータは，スタンドアロン（ネットワークに接続されていないコンピュータ単体での利用方法）で使われることが多く，入力したことに対して人間には不可能なほどの速さで結果を出力する「計算機」としての役割を果たしていた。つまり，送り手と受け手の間で情報を媒介するメディアとしてコンピュータを捉えていなかった。

2）第二世代の情報教育（1990 年代前半〜）

　第二世代の情報教育（1990 年代前半〜）は，第一世代の情報教育に加え，文書処理，表計算，データベース，描画，パソコン通信等の応用ソフトウェアの活用スキルを重視した。この時代のコンピュータは「計算機」としての使い方に加え，表現するための道具としての使い方がなされるようになった。誰かに何かを伝える文書やグラフ，イラストなどは，メディアであり，情報教育においてメディア・リテラシーを育む場が生じたといえる。

3）第三世代の情報教育（1990 年代後半〜）

　第三世代の情報教育（1990 年代後半〜）は，第一・第二世代に加え，問題解決・計画・表現の手段としての分析・統合，創作，表現等の能力が重視されるようになった。単にソフトを使うことができるというスキルの獲得を超えて，情報技術を活用することで何を実現できるのか，ということに目が向けられた。

4）第四世代の情報教育（2000 年代前半〜）

　第四世代の情報教育（2000 年代前半〜）は，それらに加え，ネットワーク化されたコンピュータをコミュニケーションのためのメディアとして活用する能力が重視されるようになった。ここには，３ＤＣＧや映像編集も含むデジタルメディア表現能力，メディアの特性を理解し，構成された情報を主体的に読み解く力，情報モラルなどが含まれる。

5）第五世代の情報教育（2000 年代後半〜）

　第五世代の情報教育（2000 年代後半〜）は，さらに，ユビキタスコンピューティングの環境下における Web2.0 時代のメディア・リテラ

シーが求められるようになった。いつでもどこでも誰でもインターネット上の情報にアクセスできる環境や利用形態をユビキタスコンピューティングという。持ち運びが容易な携帯情報端末，携帯電話からもインターネット接続が可能になり利用者を増やした。また，商用サービスとしてブログやSNSを始めとするCGM（Consumer Generated Media）が使われ始め，Webサイトを作る技術というよりも，多様な形態でコミュニケーションを生み出す能力が重視されるようになった。個人の情報発信や，インターネットを通じた人との関わりが質・量とも飛躍的に増大した時代である。

6）第六世代の情報教育（2010年代前半）

　第六世代の情報教育（2010年代前半）は，クラウドコンピューティングが実現するソーシャルメディア時代のメディア・リテラシーが重視された。利用者が自分の端末を通じて，インターネット上のハードウェア，ソフトウェア，データをその存在や仕組みを意識することなく利用できる環境や利用形態のことをクラウドコンピューティングという。そうした利用形態のもとで一般大衆に広く開かれた動画共有サイト，SNS，マイクロブログなど，つながりがつながりを生み，世の中の話題を生み出すメディアの特性や影響力を理解して活用する能力や，それらによって人々のライフスタイルや価値観がどのように影響を受けるか考え行動できる能力が重視される。

　以前まではネットを仮想空間として現実の社会と区別して捉える見方もあったが，もはやネットは現実社会と切り離して考えることはできない現実社会そのものとなった。携帯情報端末を使い，オンラインで映画，音楽，書籍，ゲームなどのコンテンツを購入できる時代，ユーザーが知を集積していくCGM（Consumer Generated Media）が自然なものにな

る時代，マスメディアだけではない市民メディアが台頭する時代の到来
によって，これまでになかった能力を求められることとなった。

7）第七世代の情報教育（2010 年代後半）

　2020 年から本格実施される学習指導要領において，「情報活用能力」
という用語が学習基盤の一つとして明記された。従来は教科・領域で学
ぶことに加えて必要だと位置付けられていた情報活用能力が，教科・領
域の学習活動を行う前提として必要になる能力として位置付けられた。
また，データサイエンス，プログラミング的思考などが重視されるよう
になった。こうした情報に関する「科学的な理解」に裏付けられた能力
の側面が強調される中で社会的なコミュニケーション能力の側面は相対
的に弱まったように受け止められる。

　しかし，学習指導要領にある「主体的・対話的で深い学び」を実現さ
せるためには，誰がどのような意図で発信した情報なのか批判的に読み
解く能力や，自分の考えを相手の持つ文化や価値観を踏まえて表現・発
信する能力などが必要である。また，ソーシャルメディアの普及，その
使われ方によって客観的な事実よりも感情的な訴えかけの方が世論形成
に影響する状況として「ポスト・トゥルース」という言葉に注目が集ま
るなど，メディアのあり方を考えていくことが重要な社会状況にある。
学習指導要領の記述からはこうした点を読み取ることは難しいが，「情
報活用能力」を育成する際にメディア・リテラシーを同時に育むことが
望ましいと考えられる。

　このような流れを踏まえることにより，情報教育とメディア教育の接
点を見出すことができる。情報技術によって生み出された新たなメディ
アの社会的な影響力が大きくなるにつれて，情報教育はメディア・リテ

ラシーの育成も目指すようになってきた。一方，同じ事がメディア教育
の側にも言える。時代の流れの中で新しいメディアにおけるメディア・
リテラシーも含みこむようになり，その対象とする範囲を広げている。
つまり，相互に研究・教育の領域を拡張する中で，互いを含み込むよう
になってきているのである。既存メディアがICT技術と結びつく中で，
メディア・リテラシーの中に情報活用能力の要素が，コミュニケーショ
ンが多様になるにつれて情報活用能力の中にメディア・リテラシーの要
素が，含み込まれるようになってきた。

　しかし，教育実践の内容を比較していくと，「情報活用能力を育むた
めの情報教育」で扱うが，「メディア・リテラシーを育むためのメディ
ア教育」では扱わない内容がある。また，その逆のこともある。例えば，
メディア教育が，プログラミングやアルゴリズムなどの内容を主目的と
して取り扱うことはあまりない。一方，情報教育で大衆文化研究やステ
レオタイプなどの内容を取り扱うことはあまりない。メディア教育は，
メディアの特性理解を含む社会的・文化的な意味解釈・表現発信に力点
があるといえる。

　しかしながら，これまでの歴史的な経緯と同様に，その内容を拡張し
ていく可能性はある。そのため，今後もその時代や社会に応じたメディ
ア・リテラシーのあり方を問い直していくことが重要である。

参考文献

小柳和喜雄・山内祐平・木原俊行・堀田龍也（2002）英国メディア教育の枠組みに
　関する教育学的検討―メディア・リテラシーの教育学的系譜の解明を目指し
　て―．教育方法学研究 28：199-210

Masterman, L.（1985）Teaching the Media. Routlege

水越伸（1999）デジタルメディア社会．岩波書店

菅谷明子（2000）メディア・リテラシー―世界の現場から―．岩波書店

Ontario Ministry of Education（1989）Media Literacy Resource Guide. Ministry of Education（FCT 市民のメディア・フォーラム（訳）（1992）メディア・リテラシー ―マスメディアを読み解く．リベルタ出版）

上杉嘉見（2008）カナダのメディア・リテラシー教育．明石書店

村川雅弘（1985）映像教育の広がり．吉田貞介編，映像時代の教育―そのカリキュ ラムと実践―．日本放送教育協会

水越敏行編（1981）視聴能力の形成と評価―新しい学力づくりへの提言―．日本放 送教育協会

吉田貞介編（1985）映像時代の教育―そのカリキュラムと実践―．日本放送教育協 会

坂元昂（1986）メディアリテラシー．後藤和彦・坂元　昂・高桑康雄・平沢　茂（編） メディア教育のすすめ―メディア教育を拓く．ぎょうせい

市川克美（1997）メディアリテラシーの歴史的系譜．メディアリテラシー研究会 （編），メディアリテラシー：メディアと市民をつなぐ回路．日本放送労働組合

佐伯胖・苅宿俊文・佐藤　学・NHK 取材班（1993）教室にやってきた未来―コン ピュータ学習実践記録．日本放送出版協会

田中博之（1999）マルチメディアリテラシー―総合表現力を育てる情報教育．日本 放送教育協会

木原俊行・山口好和（1996）メディア・リテラシー育成の実践事例．水越敏行・佐 伯胖編，変わるメディアと教育のあり方．ミネルヴァ書房

旧郵政省（2000）放送分野における青少年とメディア・リテラシーに関する調査研 究会報告書． http://www.soumu.go.jp/main_sosiki/joho_tsusin/top/hoso/pdf/houkokusyo.pdf

中橋雄（2005）メディア・リテラシー―実践事例の分析．水越敏行・生田孝至（編） これからの情報とメディアの教育―ICT 教育の最前線．図書文化社

岡本敏雄（2000）情報教育．インターネット時代の教育情報工学 1．森北出版

付記
　本章は，中橋雄（2014）『メディア・リテラシー論（北樹出版）』5 章・8 章の一 部を基にして執筆したものである。

12 | メディア教育の内容と方法

中橋　雄

《**目標＆ポイント**》　本章では，メディア教育が何をどのように学ぶものとして捉えられてきたか，ということについて整理する。メディア教育として学習者が理解すべき内容である「メディアの特性」とは，どのようなものか。これまでどのように整理され，どのように学ばれてきたのか，先行研究を取り上げて紹介する。その上で，メディアを活用して子どもたちが表現する授業デザインを探究してきたD-projectの取り組みを事例として取り上げる。
《**キーワード**》　メディア・リテラシー，メディアの特性，教育内容，教育方法

1. はじめに

　メディア・リテラシーは複合的な能力であり，様々な状況のもとでその必要性が語られている。その能力の構造とは，ものごとを判断したり表現したりする実践的なスキルの側面と，それを実現するために必要なメディアの特性理解の側面がある。例えば，広告を見てある商品を気に入り，実物をよく確かめずに購入したが，実際に使ってみて気に入らない点が出てきた場合，よく確認して判断するという「実践的なスキル」を身に付けるためには，広告が商品のよいところを伝えるものであるという特性を理解しておかなければならない。

　このように「メディアの特性」を理解することは，メディア教育の目的の一部であり，実践的なスキルの前提・基盤となるものである。一方，実践を通じてこそ「メディアの特性」を理解できるという事がある。例

えば,「メディアは送り手が意図したとおりに受け手が解釈してくれるとは限らない」という特性があるとする。その特性は,実際に送り手の立場で受け手が思ったとおりに解釈してくれない場面に直面して理解が深まる。このように,特性の理解と実践は一対のものであり,往復させながら双方をつなぎ合わせていく教育方法を検討する必要がある。

　ここでは,まず,学習者が理解すべきメディアの特性とはどのようなものかを説明する。

2. メディアの特性

　メディア研究の蓄積を受けて,カナダ・オンタリオ州のメディア・リテラシー協会（Association for Media Literacy）では,メディア・リテラシーのキーコンセプトとして次の8つを挙げている。これらは,メディアの特性を簡潔に表しているといえる。

Key Concepts of Media Literacy
メディア・リテラシーのキーコンセプト

1. Media construct reality.
メディアは,「現実」を構成する（メディアが伝える「現実」は,実際に経験したいくつかの要素を組み合わせて表現されたもので,現実そのものではない）

2. Media construct versions of reality.
メディアは,現実の解釈を構成する（メディアは,伝える手段の特性や送り手の意図によって現実の一面を伝えているもので,偏りが生じる）

3. Audiences negotiate meaning.
メディアは,受け手が,意味を解釈する（人それぞれ知識や経験が

異なるため，同じメディアであっても異なる解釈がなされる）

4．Media have economic implications.

メディアは，経済的影響力をもつ（メディアは，そのものが産業で
あるだけでなく，多くの仕事や生活で制作・活用されており，経済
に影響を与えている）

5．Media communicate values messages.

メディアは，価値観が含まれた内容を伝えている（メディアは，特
定の価値判断で表現されているもので，誰かに何らかの利益をもた
らす一方，別の誰かに不利益をもたらす場合がある）

6．Media communicate political and social messages.

メディアは，政治的・社会的な内容を伝えている（メディアは，直
接会うことがない人の考えにも触れる機会を提供し，人々の様々な
意思決定に影響を与える）

7．Form and content are closely related in each medium.

それぞれのメディアにおける表現の形式と内容は密接に関係してい
る（メディアは，それぞれ特有の記号体系やジャンルがあり，伝わ
る内容に影響を及ぼす）

8．Each medium has a unique aesthetic form.

個々のメディアは，独特の美的形式をもっている（メディアは，芸
術性や娯楽性があり，それらを高める表現の工夫がなされている）

（http://www.aml.ca/keyconceptsofmedialiteracy/をもとに著者
が意訳・補足した。2019年2月参照）

このカナダ・オンタリオ州のキーコンセプトを踏まえた上で，中橋
（2009）の整理を参考にしながら，メディア教育において学習対象とな
り得る「メディアの特性」について説明する。

1）メディアごとに機能的な特性を持つ

　もの・装置，システムとしてのメディアは，それぞれ独自の機能的な特性を持っている。その特性には，一方向性・双方向性，同期・非同期，あるいは，速報性，一覧性，保存性などがあり，技術的な仕組みや運用ルールによって規定される。

　例えば，携帯電話での通話は，音声を用いた双方向のコミュニケーションである。テレビは映像と音声，新聞は写真と文字で表現された一方向のコミュニケーションで，一度に多数の人に向けて発信される。

　自分が情報を得たり，発信したりする際に，目的に応じて適切なメディアを選択することが重要になる。そのためには，このようなメディアの機能的な特性を理解しておく必要がある。

2）意思決定に影響を及ぼす

　私たちは日常的に多くの時間をメディアとの接触に費やしている。そして，多くの情報を得たり，発信したりして相互に影響を与えあっている。様々な機会において意思決定をする判断材料もメディアに依存することは少なくない。

　例えば，広告を見ることによって，ものを購入することを決めることがある。また，メディアは，政治に対する見方を提示し，世論に影響を与え，政治家を選ぶ選挙における意思決定にも影響を与えうる。メディアは，社会形成に直結するだけの大きな影響力を持つ。

3）現実の認識をつくる特性

　私たちが「現実」として捉えている世の中の事象や一般常識と考えていること，規範や価値観などもメディアを介して得た情報によって形成されたものがほとんどである。例えば，メディアは，こういう生き方が

美徳であるというような価値観や「男なら（女なら）こうあるべき」といった社会的な役割を規定しさえもする。

　メディアは，送り手の意図によって取捨選択されたもので，物事の一面を取り扱うことしかできないという限界がある。それだけに，レン・マスターマン（1985）の言うように，「メディアは能動的に読み解かれるべき，象徴的システムであり，外在的な現実の，確実で自明な反映なのではない」という特性を理解しておくことが重要である。

4）意図と解釈

　人に物事を伝えるためには，情報の取捨選択・編集が求められる。そして，メディアは，社会的・文化的・経済的・技術的影響を受けながら，送り手の意図によって構成される。送り手は，うまく伝わるように受け手を想定した情報の表現をする必要がある。ただし，それを解釈するのはあくまでも受け手であり，送り手の意図した通りに受け手が解釈してくれるとは限らない。悪意がなくても相手を不快にさせたり，傷つけたりしてしまうことも起こりうる。

5）商業性

　特に産業としてのメディアは，取材に必要な経費，機材の購入・保守費，人件費などを得るために収入が必要となる。多くのメディア産業は受信料，販売収入，広告収入で成り立っている。いずれにしても，受け手にとって価値ある情報を提供するという努力が送り手に求められるが，その商業性は無視できない。特に利益第一主義に陥ることが原因で報道の公正性が保たれなくなったり，少数の人にしか価値のない事柄は取り上げられなくなったりする危険性にも注意する必要がある。

6）表現の形式

　メディアは独自の表現形式を持っているため，伝えたい情報の内容は同じであっても伝えるメディアが異なると印象は変わる。例えば，同じ内容のニュース，天気予報でさえも，伝える人の印象や伝え方で，全く違ったものに感じることがある。

　また，メディアが持つ独特の表現形式自体に，人は面白味や心地よさを感じることがある。情報を受け取る側には，そのような形式も含め，自分が適切と思うメディアの選択を行っている。

　以上のような特性から「メディア」を捉えてみると，送り手と受け手の関係性，表現の意図や構成，それを規定する社会的・文化的背景までも含めて捉えなければ，メディアを理解したことにならないと言えるだろう。

　では，これらのメディアが持つ特性を理解するためには，どのような教育方法が求められるのだろうか。上記のような解説を読むだけでは，実感として理解できないだけでなく，実践的な能力として発揮される力にはならない。送り手と受け手の関係性を体験的に理解し，社会のあり方を考える教育方法が必要になる。

3．メディア教育の教育方法

　レン・マスターマンが整理した「メディア・リテラシーの 18 の基本原則」の中では，メディア教育の意義と教育方法について触れられている。

「メディア・リテラシーの 18 の基本原則」（Masterman, 1995）

1．メディア・リテラシーは重要で意義のある取り組みである。その中心的課題は多くの人が力をつけ（empowerment），社会の民主主義的構造を強化することである。

2．メディア・リテラシーの基本概念は，「構成され，コード化された表現」（representation）ということである。メディアは媒介する。メディアは現実を反映しているのではなく，再構成し，提示している。メディアはシンボルや記号のシステムである。この原則を理解せずにメディア・リテラシーの取り組みを始めることはできない。この理解からすべてが始まる。

3．メディア・リテラシーは生涯を通した学習過程である。ゆえに，学ぶ者が強い動機を獲得することがその主要な目的である。

4．メディア・リテラシーは単にクリティカルな知力を養うだけでなく，クリティカルな主体性を養うことを目的とする。

5．メディア・リテラシーは探究的である。特定の文化的価値を押し付けない。

6．メディア・リテラシーは今日的なトピックスを扱う。学ぶ者の生活状況に光を当てる。そうしながら「ここ」「今」を，歴史およびイデオロギーのより広範な問題の文脈で捉える。

7．メディア・リテラシーの基本概念（キーコンセプト）は，分析のためのツールであって，学習内容そのものを示しているのではない。

8．メディア・リテラシーにおける学習内容は目的のための手段である。その目的は別の内容を開発することではなく，発展可能な

分析ツールを開発することにある。

9．メディア・リテラシーの効果は次の 2 つの基準で評価できる。
　1）学ぶ者が新しい事態に対して，クリティカルな思考をどの程
　度適用できるか　2）学ぶ者が示す参与と動機の深さ

10．理想的には，メディア・リテラシーの評価は学ぶ者の形成的，
　総括的な自己評価である。

11．メディア・リテラシーは内省および対話のための対象を提供す
　ることによって，教える者と教えられる者の関係を変える試みで
　ある。

12．メディア・リテラシーはその探究を討論によるのではなく，対
　話によって遂行する。

13．メディア・リテラシーの取り組みは，基本的に能動的で参加型
　である。参加することで，より開かれた民主主義的な教育の開発
　を促す。学ぶ者は自分の学習に責任を持ち，制御し，シラバスの
　作成に参加し，自らの学習に長期的視野を持つようになる。端的
　にいえば，メディア・リテラシーは新しいカリキュラムの導入で
　あるとともに，新しい学び方の導入でもある。

14．メディア・リテラシーは互いに学びあうことを基本とする。グ
　ループを中心とする。個人は競争によって学ぶのではなく，グルー
　プ全体の洞察力とリソースによって学ぶことができる。

15．メディア・リテラシーは実践的批判と批判的実践からなる。文
　化的再生産（reproduction）よりは，文化的批判を重視する。

16．メディア・リテラシーは包括的な過程である。理想的には学ぶ
　者，両親，メディアの専門家，教える者たちの新たな関係を築く
　ものである。

17．メディア・リテラシーは絶えざる変化に深く結びついている。

常に変わりつつある現実とともに進化しなければならない。

18. メディア・リテラシーを支えるのは，弁別的認識論(distinctive epistemology）である。既存の知識が単に教える者により伝えられたり，学ぶ者により「発見」されたりするのではない。それは始まりであり，目的ではない。メディア・リテラシーでは，既存の知識はクリティカルな探究と対話の対象であり，この探究と対話から学ぶ者や教える者によって新しい知識が能動的に創り出されるのである。

　これらの記述の中で何度も強調されているのは，メディア・リテラシーに関わる教育は，「教え込み型の教育方法で身に付かない」ということである。対話や探究における思考や判断を通じて知の創造を促すために，他者との学び合いが生じるような学習者参加型の活動を通じて育む必要があると主張されている。この中には，具体的に実践における内容の取り扱いについては触れられていないが，学習の対象が「メディア」あるいは「メディアの特性」だとして，「メディアの特性にはこのようなことがある」ということを教え込むだけでは，活きて働く力にならないということであろう。

　なお，マスターマンの時代に求められたメディア・リテラシーは，多大な影響力を持ったマスメディア（あるいはその裏で結びついている権力）と市民が対峙する関係性の中で，市民が身に付ける力として捉えられていることは理解しておきたい。マスメディアの構造や情報に介在する送り手の意図を理解した上で批判的に判断して受容することが，民主主義の社会において重要になるということに主眼が置かれている。

　現代社会において求められるメディア・リテラシーは，マスターマンの時代よりも研究・教育の範囲を広げている。しかし，現代社会におけ

るメディア教育においても，学習者の主体性を育み，創造的な知を生み
出す参加型の学習を取り入れた教育方法は重視されている。

4. メディア教育の授業デザイン

　ここでは，メディア教育の教育方法について考えるために，D-project
の取り組みについて紹介する（中川，2006）。D-project（デジタル表現
研究会）は，全国から志ある教師が集まりメディアで表現する活動を取
り入れた授業デザインについて探究している教師コミュニティである。

　D-project は，「メディア創造力」の育成を目標として掲げ，近年の社
会背景や学力観を踏まえた授業デザインについて検討している。「メディ
ア創造力」とは，「メディア表現学習を通して，自分なりの発想や創造
性，柔軟な思考を働かせながら自己を見つめ，切り拓いていく力」と定
義されている。

　D-project は，メディア創造力を育成する授業を実践し，その分析を
通じて，いくつかの研究成果を残してきた。それは，メディア創造力を
育成しようとする授業に見られる特徴的な「学習サイクル」，メディア
創造力を育成するための「教師の着目要素」，子どもたちに育まれる「学
習到達目標」などである。これは，メディア表現活動を取り入れた授業
を分析することから帰納的に得られた知見であるが，教師が新しく授業
デザインをする際のチェックポイントになり得るものでもある。

1）学習サイクル

　メディア創造力を育成するため，授業実践には単元構成の中で「①相
手意識・目的意識を持つ」活動，「②見る」活動，「③見せる・作る」活
動，「④振り返る」活動を繰り返し行なう「学習サイクル」がある。特
に次ページの図1に示されているように②③④を何度も繰り返して練り

上げを行う。

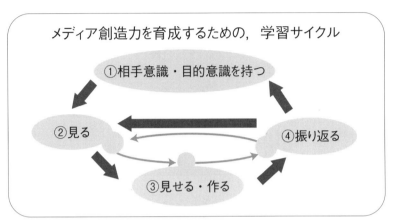

図1　学習サイクル

　この学習サイクルについて，パンフレットを制作する活動を取り入れた単元の授業デザインを例に挙げて考えてみる。まず，「①相手意識・目的意識を持つ」活動では，「地域の人に学校を見に行きたくなるような学校のよいところを伝えるパンフレットを作る」といった，実際に世の中の役に立てるような課題の設定をする。そして，「②見る」活動において，世の中で実際に使われているプロが作ったパンフレットの特徴を分析して自分たちの制作に活かす。次に，「③見せる・作る」活動では，自分たちの作品を作り，実際に見せたい地域の人に見てもらう。その反応を受け，改善すべき点を把握した上で，自分の作品，他のグループの作品，プロが作った作品を見直して修正を加えていく。このようなサイクルを繰り返し，時には相手や目的の範囲を広げたり，狭めたりというように，①に戻ることもある。ここでは，パンフレット作りを例に挙げたが，新聞制作，CM制作，プレゼンテーション資料制作などにお

いても同様のサイクルが当てはまる。

2）12 の着目要素

　このような学習サイクルにおける各プロセスにおいて，教師が授業をデザインする際に着目している要素が抽出された。異なるプロセスでも共通に着目している要素があり，12 種類に整理されている。

① 　相手意識・目的意識を持つ
　1）リアルで必然性のある課題を設定する
　2）好奇心や探求心，発想力，企画力を刺激する
② 　見る
　2）好奇心や探求心，発想力，企画力を刺激する
　3）本物に迫る眼を養う
　4）自分なりの視点を持たせる
　5）差異やズレを比較し，実感させる
　6）映像と言語の往復を促す
③ 　見せる・作る
　6）映像と言語の往復を促す
　7）社会とのつながりに生かす
　8）建設的妥協点（＝答えが 1 つではない）に迫る
　9）失敗体験をうまく盛り込む
　10）デジタルとアナログの双方の利点を活かす
　11）メディア創造力を追究する中から基礎・基本への必要性に迫る
④ 　振り返る
　4）自分なりの視点を持たせる

5）差異やズレを比較し，実感させる

7）社会とのつながりに生かす

8）建設的妥協点（＝答えが1つではない）に迫る

12）自らの学びを振り返らせる

3）学習到達目標

「メディア創造力」の学習活動で育まれる力を学習到達目標のかたちで示したものが，表1である（中橋ら，2011）。「A　課題を設定し解決しようとする力」，「B　制作物の内容と形式を読み解く力」，「C　表現の内容と手段を吟味する力」，「D　相互作用を生かす力」という4つのカテゴリーは，それぞれ3つの構成要素から成り立っている。そして，その構成要素は，系統的な5段階のレベルで示されている。

表 1　「メディア創造力」の学習到達目標

	構成要素	系統性
A　課題を設定し解決しようとする力	1．社会とのつながりを意識した必然性のある課題を設定できる	Lv 1：人や自然との関わりの中で体験したことから課題を発見できる。 Lv 2：地域社会と関わることを通じて課題を発見できる。 Lv 3：社会問題の中から自分に関わりのある課題を発見できる。 Lv 4：社会問題の中から多くの人にとって必然性のある課題を設定できる。 Lv 5：グローバルな視点をもって，多くの人にとって必然性のある課題を設定できる。
	2．基礎・基本の学習を課題解決に活かせる	Lv 1：文章を読み取ったり，絵や写真から考えたりする学習を活かすことができる。 Lv 2：グラフを含む事典・図書資料で調べたり，身近な人に取材したりする学習を活かすことができる。 Lv 3：アンケート調査の結果を表やグラフで表したり，傾向を解釈したりする学習を活かすことができる。 Lv 4：独自の調査を含め，情報の収集方法を選んだり，組み合わせたりする学習を活かすことができる。 Lv 5：様々な方法で収集した情報を整理・比較・分析・考察する学習を活かすことができる。
	3．好奇心・探究心・意欲をもって取り組める	Lv 1：何事にも興味をもって取り組むことができる。 Lv 2：自分が見つけた疑問を，進んで探究することができる。 Lv 3：課題に対して，相手意識・目的意識を持って主体的に取り組むことができる。 Lv 4：社会生活の中から課題を決め，相手意識・目的意識を持ち，主体的に取り組むことができる。 Lv 5：課題解決に向けて自ら計画をたて，相手意識・目的意識を持って主体的に取り組むことができる。
B　制作物の内容と形式を読み解く力	1．構成要素の役割を理解できる（印刷物：見出し，本文，写真等　映像作品：動画，音楽，テロップ等）	Lv 1：制作物を見て，複数の要素で構成されていることを理解できる。 Lv 2：制作物を見て，それぞれの構成要素の役割を理解できる。 Lv 3：制作物を見て，構成要素の組み合わせ方が適切か判断できる。 Lv 4：制作物を見て，構成要素を組み合わせることによる効果を理解できる。 Lv 5：制作物を見て，送り手がどのような意図で要素を構成したのか理解できる。
	2．映像を解釈して，言葉や文章にできる（映像：写真・イラスト・動画等）	Lv 1：映像を見て，様子や状況を言葉で表すことができる。 Lv 2：映像の内容を読み取り，言葉や文章で表すことができる。 Lv 3：映像の目的や意図を自分なりに読み取り，言葉や文章で表すことができる。 Lv 4：映像の目的や意図を客観的に読み取り，言葉や文章で表すことができる。 Lv 5：映像の目的や意図を様々な角度から読み取り，言葉や文章で表すことができる。

	3．制作物の社会的な影響力や意味を理解できる	Lv1：制作物には，人を感動させる魅力があることを理解できる。 Lv2：制作物には，正しいものと誤ったものがあることを理解できる。 Lv3：制作物には，発信側の意図が含まれていることを読み取ることができる。 Lv4：制作物について，他者と自己の考えを客観的に比較し，評価することができる。 Lv5：制作物の適切さについて批判的に判断することができる。
C 表現の内容と手段を吟味する力	1．柔軟に思考し，表現の内容を企画・発想できる	Lv1：自分の経験や身近な人から情報を得て，伝えるべき内容を考えることができる。 Lv2：身近な人や図書資料から得た情報を整理し，伝えるべき内容を考えることができる。 Lv3：身近な人や統計資料から得た情報を整理・比較し，伝えるべき内容を考えることができる。 Lv4：様々な情報源から収集した情報を整理・比較して，効果的な情報発信の内容を企画・発想できる。 Lv5：様々な情報を結びつけ，多面的に分析し，情報発信の内容と方法を企画・発想できる。
	2．目的に応じて表現手段の選択・組み合わせができる	Lv1：相手に応じて，絵や写真などの言語以外の情報を加えながら伝えることができる。 Lv2：相手や目的に応じて，図表や写真などの表現手段を選択することができる。 Lv3：相手や目的に応じて，図表や写真などの表現手段を意図的に選択することができる。 Lv4：相手や目的に応じて，多様な表現手段を意図的に組み合わせることができる。 Lv5：情報の特性を考慮し，相手や目的に応じて，多様な表現手段を意図的に組み合わせることができる。
	3．根拠をもって映像と言語を関連づけて表現できる	Lv1：他者が撮影した映像をもとに，自分の経験を言葉にして表現できる。 Lv2：自分が撮影した映像をもとに，取材した内容を言葉にして表現できる。 Lv3：自分が撮影し取材した情報を編集し，映像と言葉を関連付けて表現できる。 Lv4：自分が撮影し取材した情報を編集し，明確な根拠に基づき映像と言葉を関連付けて表現できる。 Lv5：映像と言語の特性を考慮して，明確な根拠に基づき効果的に関連付け，作品を制作できる。
	1．建設的妥協点を見出しながら議論して他者と協働できる	Lv1：相手の考え方の良さや共感できる点を相手に伝えることができる。 Lv2：それぞれの考えの相違点や共通点を認め合いながら，相談することができる。 Lv3：自他の考えを組み合せながら，集団としての1つの考えにまとめることができる。

D 相互作用を生かす力		Lv 4：目的を達成するために自他の考えを生かし，集団として合意を形成できる。
		Lv 5：目的を達成するために議論する中で互いを高めあいながら，集団として合意を形成できる。
	2．制作物に対する反応をもとに伝わらなかった失敗から学習できる	Lv 1：相手の表情や態度などから，思ったとおりに伝わらない場合があることを理解できる。
		Lv 2：相手の反応を受けて，どのように伝えればよかったか理解できる。
		Lv 3：相手の反応を受けて，次の活動にどのように活かそうかと具体案を考えることができる。
		Lv 4：相手の反応から，映像や言語における文法を身につける必要性を理解できる。
		Lv 5：相手の反応から，文化や価値観を踏まえた表現の必要性を理解できる。
	3．他者との関わりから自己を見つめ学んだことを評価できる	Lv 1：他者との関わり方を振り返り，感想を持つことができる。
		Lv 2：他者との関わりを振り返り，相手の考え方や受けとめ方などについて，感想を持つことができる。
		Lv 3：他者との関わりを振り返り，自己の改善点を見つめ直すことができる。
		Lv 4：他者との関わりを振り返り，自分の関わり方を評価し，適宜改善することができる。
		Lv 5：他者との関わり方を振り返り，自分の個性を活かすために自己評価できる。

4）メディア・リテラシーと「メディア創造力」

　メディア・リテラシーと「メディア創造力」の違いについて，中橋ら(2006)は次ページの表 2 のように整理している。メディア創造力は，学校教育で目指す学力のあり方を問題意識としている点が特徴的である。

　D-project の目指す「メディア創造力」は，既存の学校教育を批判的に乗り越えるために生まれた概念であり，社会的な要請から生じたメディア・リテラシーの概念と完全に合致してはいない。D-project は，複雑な課題解決を可能とするメディア活用のあり方・伝え合う力を重視する傾向がある。一方，メディア・リテラシーは，メディアに対する社会

表2　メディア・リテラシーと「メディア創造力」との比較（中橋ら，2006）

	メディア・リテラシーの育成	メディア創造力の育成
定義	カナダ，イギリス，日本の違い，水越（1999），鈴木（1997）の違いなど，時代や立場によって様々な定義がある（中橋　2006）	メディア表現学習を通して，自分なりの発想や創造性，柔軟な思考をしながら自己を見つめ，切り拓いていく力（中川ら　2006）
系譜	・マスメディア批判の系譜 ・メディアと学校教育の系譜 ・情報産業の戦略の系譜 　3つの系譜が関連（水越　1999） 社会の側から学校教育に期待	・学力論の系譜 ・デジタル表現研究の系譜 ・読み解きに偏るメディア・リテラシー批判の系譜 　3つの系譜が関連 学校教育側から社会のニーズに対応
目的	社会的コミュニケーション能力	豊かな学力：創造性・意欲など
価値	社会的文化的な意味解釈・生成	表現する過程での思考・判断
分類	「メディア教育」：メディアを学ぶ	「メディア教育」：メディア表現で学力を高める

的・文化的な意味解釈や社会的な影響力，送り手の責任を踏まえた表現・発信のあり方，メディアの持つ可能性と限界について焦点を当てる傾向がある。

　しかし，学習内容として目的としていること，授業デザインにおいて重要だと考えられていることについての共通点は多い。そのため，「メディア創造力」を育むことを目的とした実践を行うことで，結果的にメディア・リテラシーが育まれることも期待できる。また，メディア・リテラシーを育むことを目的とした教育の方法を考える上で，D-projectが蓄積してきた知見を参考にすることができる。ルーツは異なるが，「メディア教育」という大きな括りの中で，相互の活動を発展させていくことが重要だと考えられる。

参考文献

中橋雄（2009）「新学習指導要領・「社会と情報」における「メディアの意味」をど
　う捉えるか」『ICT・Education No.41』ICTE, pp.1-5

Masterman, L.（1985）Teaching the Media. Routlege（宮崎寿子訳（2010）メディ
　アを教える―クリティカルなアプローチへ．世界思想社）

Masterman, L.（1995）"Media Education : Eighteen Basic Principles". *MEDIACY*, 17
　（3）, Association for Media Literacy（宮崎寿子・鈴木みどり（訳）（1997）資料編
　レン・マスターマン「メディアリテラシーの 18 の基本原則」．鈴木みどり編，メ
　ディア・リテラシーを学ぶ人のために．世界思想社）

中川一史（2006）メディア創造力を育成する実践事例「キチンと文化」からの脱却
　―メディアで創造する力を育成する―．
　http://www.d-project.jp/casestudy/index.html

中橋雄・中川一史・佐藤幸江・前田康裕・山中昭岳・岩﨑有朋・佐和伸明（2011）
　メディアで表現する活動における到達目標の開発．第 18 回日本教育メディア学
　会年次大会大会論文集，pp.159-160.

中橋雄・中川一史・豊田充崇・北川久一郎（2006）学力を高めるメディア教育の理
　論と実践．日本教育工学会第 22 回大会論文集，pp.595-596.

付記
　本章は，中橋雄（2014）『メディア・リテラシー論（北樹出版）』1 章・3 章の一
部を基に執筆したものである。

13 | 知識・技能を活用する学力と メディア教育

中橋　雄

《**目標＆ポイント**》　本章では，日本の学校教育において，メディア・リテラシーを育むためのメディア教育がどのように位置付いているのか解説する。まず，学習指導要領，学力テストの内容から，知識・技能を活用する学力とメディア教育の関係について確認する。その上で，教科横断的にメディア・リテラシーを育む考え方に加え，教科として取り組むことを試みた研究開発学校の事例について紹介する。

《**キーワード**》　学校教育，学習指導要領，学力テスト，研究開発学校

1．学習指導要領とメディア教育

　『小学校　学習指導要領（平成 29 年 3 月告示）』「総則　第 1　小学校教育の基本と教育課程の役割」の中には，次のような記述がある。

> 　2　学校の教育活動を進めるに当たっては，各学校において，第 3 の 1 に示す主体的・対話的で深い学びの実現に向けた授業改善を通して，創意工夫を生かした特色ある教育活動を展開する中で，次の (1)から(3)までに掲げる事項の実現を図り，児童に生きる力を育むことを目指すものとする。

　ここに引用した内容は，中学校，高等学校の学習指導要領にも同様の

文言がある。総則は全体に共通して適用される原則であり，あらゆる教科・領域は，この方針に基づくことになる。この中で特に注目したいのは，「主体的・対話的で深い学びの実現に向けた授業改善」という文章である。深く充実した学びを実現させるためには主体的・対話的に学習できる学習者を育てることが必要になる。自律的に学び続けることができる方法，他者との相互作用を通じてお互いを高めうことができる方法を学習者に授ける上で，メディア・リテラシーを育むことが重要ではないだろうか。

　学習者は，メディアを通じて主体的に学ぶことになる。人に聞いたり，実物を観察するだけでなく，与えられた教科書や参考書などで学ぶ。また，図書，放送番組，雑誌，インターネットなどでも学ぶ。さらに，ニュース，クイズ番組，情報番組，ドラマやマンガから興味・関心が生じて学ぶこともあるだろう。この場合，メディアには，真偽が確かでないもの，事実と意見が明確でないもの，政治的，商業的な意図があるものなどがあることを理解しておくことが重要であろう。メディアそのものが持つ特性が何かを見えなくさせたり，強調させたりすることもある。誰がどのような目的で発信したものなのか，何が強調されていて代わりに見えにくくなっているものは何か，メディアで伝えられていることだけでなく，自分の受け止め方を批判的に検討することも求められる。

　次に，学習者が対話的に学ぶためには，自分の考えていること，伝えたいことを伝えるために，メディアを構成する必要がある。言葉だけでなく，写真やイラスト，図表などを使って表現することも含まれるが，どのような媒体を用いるのか，どのように編集するのか，相手や目的に応じて選択する必要がある。相手が誤解なく理解できるということだけでなく，魅力的に感じてもらうことや何らかの行動に移してもらえることを目指すような表現ができるように工夫が求められる。メディアの特

性を理解して，相手意識・目的意識を持ってメディアを構成する能力として，メディア・リテラシーを育むことが重要である。

　以上のように，学習指導要領において「メディア・リテラシー」という言葉が使われていなくても，メディア・リテラシーを育むための教育を行う必然性については，学習指導要領に位置付けられていると考えることができる。そして，様々な教科・領域を通じて横断的に育むことが重要となる。例えば，読む・書く・話す・聞く・見る・見せる学習活動，新聞制作，ガイドブック制作，映像表現，調べて・まとめて・伝える課題解決学習，交流学習などの学習活動を通じてメディア・リテラシーを育むことができる。また，情報産業について学ぶ社会科の学習内容は，メディアについて学ぶことができる単元として，それらと関連付けることができるだろう。

　メディア・リテラシーを育むことができると考えられる学習内容・活動の例と教科・領域との関係を以下に示す。

●**産業的な役割・仕組みの理解**

　社会：メディアの影響力　世論と政治参加　情報社会

　　　　社会システムとしてのメディアの仕組み

●**表現・読み解き・活用**

　理科・社会：調査・記録・報告

　国語：情報の表現と読み解き（映像・音楽を含みながら言語に力点）

　図工：デザイン・レイアウト（言語・音楽を含みながら映像に力点）

　音楽：音楽表現（言語・映像を含みながら音楽に力点）

　算数：グラフの読み解きと表現

　体育：身体表現・ボディーランゲージ

●**モラル**

　道徳：情報表現・発信者に求められる責任

●**課題解決・探究**

　総合：統合的な理解・表現・読み解きによる課題解決・提案

　これはあくまでも例であり，全てを網羅したものではない。また，小学校を想定して整理したものであるため，高等学校の教科「情報」など，メディア・リテラシーを育む内容が扱われる教科・領域，学習活動は他にも考えられる。さらに，学校教育においてメディア・リテラシーを育む学習活動を行うことはできるようになっているが，実際行われるかどうかは教育現場の取り組み次第だといえる。確実にメディア・リテラシーを育成できるように各学校でカリキュラムマネジメントを行うことが重要である。

2．知を活用する学力とメディア

　先に示した『小学校　学習指導要領（平成 29 年 3 月告示）』「総則　第 1　小学校教育の基本と教育課程の役割」は，次のような記述が続く。

(1)　基礎的・基本的な知識及び技能を確実に習得させ，これらを活用して課題を解決するために必要な思考力，判断力，表現力等を育むとともに，主体的に学習に取り組む態度を養い，個性を生かし多様な人々との協働を促す教育の充実に努めること。その際，児童の発達の段階を考慮して，児童の言語活動など，学習の基盤をつくる活動を充実するとともに，家庭との連携を図りながら，児童の学習習慣が確立するよう配慮すること。

　この部分では，基礎的・基本的な知識および技能の習得を重視しつつ，課題解決のために知識および技能を活用する学力の重要性が強調されている。また，学習の基盤として「言語活動」の充実が求められている。この考え方は，前の学習指導要領（平成20年3月告示）から継承されている。このような知識および技能を「活用する学力」が重視されはじめた要因には，2003年に実施されたOECD（経済協力開発機構）の学力調査（PISA調査）で，日本が相対的に順位を落としたことがあると考えられる。この調査結果については，「学力低下」と大々的に取り上げ，短絡的に「ゆとり教育」を批判する報道もあった。しかし，実際には，求められている学力の方向性，問われている問題の質が変わってきたことにその要因を見出すことができる。

　文部科学省は，平成19年4月以降，小学校6年生・中学校3年生を対象に全国学力・学習状況調査を実施してきた。この調査の特徴の一つには，「知識」に関する問題だけではなく「活用」に関する問題を出題したことが挙げられる。これは，先に述べた国際的な学力調査に見られる動向に影響を受けたものであると考えられる。

　ここで注目したいのは，実際に出題された問題のいくつかに「環境問題に関わる新聞記事の内容を考えるもの（次ページの図1）」や「相手を想定した書籍の広告カード表現を考えるもの」など，社会に訴えかけるためのメディア表現やその読み解きに関するものがあったことである。これは，日常生活における問題解決を行ううえで，メディアの特性について理解する必要があることを意味している。文章・映像・図やグラフなどの組み合わせによって社会的・文化的な意味が構成されるメディアの特性理解，その読み解きや表現能力は，社会生活における問題解決場面で重要な意味を持つ。メディア・リテラシーが重要な学力として認められてきたことの表れだと言える。

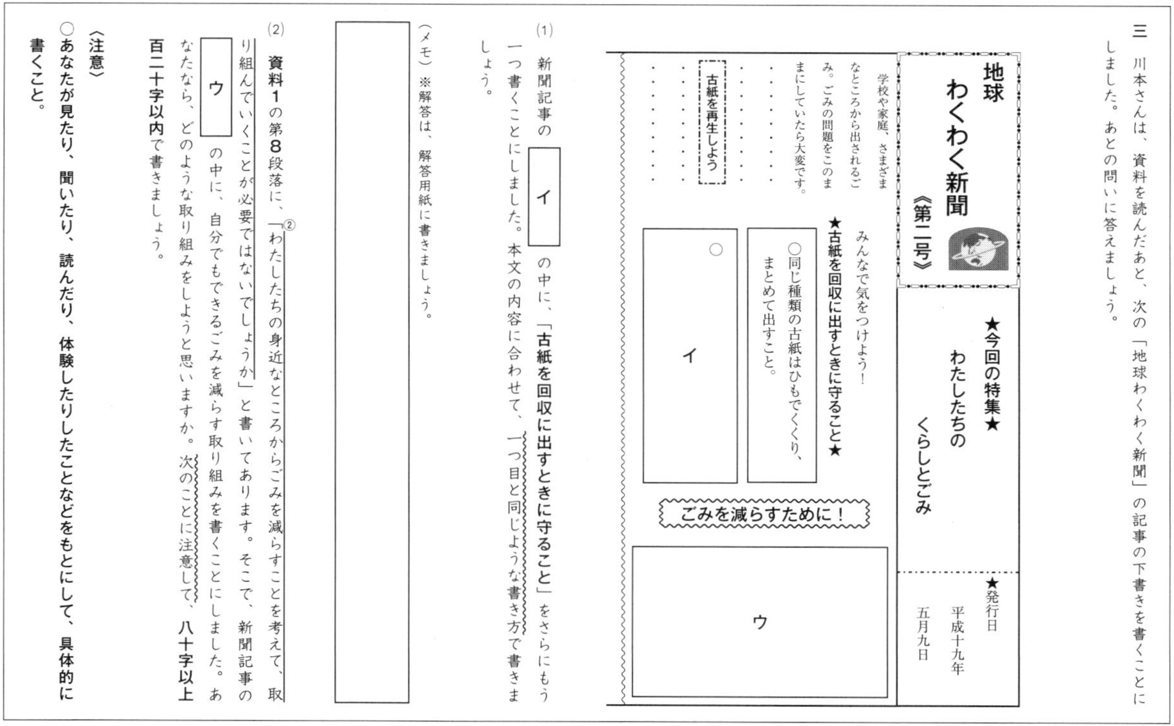

三　川本さんは、資料を読んだあと、次の「地球わくわく新聞」の記事の下書きを書くことにしました。あとの問いに答えましょう。

地球
わくわく新聞
《第二号》

★今回の特集★
わたしたちの
くらしとごみ

★発行日
平成十九年
五月九日

学校や家庭、お店などいろいろなところから出される、ごみの問題をめぐりまとめているだらたいへんです。

古紙を再生しよう

みんなで気をつけよう！
★古紙を回収に出すときに守ること★
○同じ種類の古紙はひもでくくってまとめて出すこと。
○　　　イ

ごみを減らすために！
ウ

(1) 新聞記事の　　イ　　の中に、「古紙を回収に出すときに守ること」をもう一つ書くことにしました。本文の内容に合わせて、○一つ目と同じような書き方で書きましょう。

(メモ) ※解答は、解答用紙に書きましょう。

(2) 資料1の第8段落に、②「わたしたちの身近なところからごみを減らすことを考えて、取り組んでいくことが必要ではないでしょうか」と書いてあります。そこで、新聞記事の　　ウ　　の中に、自分がごみをもっと減らす取り組みを書くことにしました。あなたなら、どのような取り組みをしようと思いますか。次のことに注意して、八十字以上、百三十字以内で書きましょう。

〈注意〉
○あなたが見たり、聞いたり、読んだり、体験したりしたことなどをもとにして、具体的に書くこと。

図1　学力調査の問題例

出典：国立教育政策研究所　教育課程研究センター「全国学力・学習状況調査」調査問題・解説資料等について　http://www.nier.go.jp/kaihatsu/zenkokugakuryoku.html

　このように全国学力調査では，新聞やチラシを扱った問題が出題され，情報を読み解く力や日常生活の経験から自分の考えを述べること，文脈を考えながら表現することが「学力」として問われた。新聞や雑誌などのマスメディア，あるいは作戦図やプレゼンテーションなど少人数の意思伝達まで含め複数回出題されている。

　平成24年度全国学力・学習状況調査　小学校・国語Ｂ問題では，子どもにマラソンのことを知ってもらいたいという相手意識・目的意識をもった雑誌が題材に使われている。雑誌記事を読み解き，「雑誌や記事の特徴」に関する問題，「編集者のねらい」に関する問題に回答するものである。

　ここで問われている活用型の学力には，「雑誌というメディアの特性を理解していること」が含まれていると考えることができる。雑誌は，言葉と写真で伝えるメディアであり，見出し，リード，本文，コラムなど，それぞれに役割を持つ構成要素から成り立っている。また，定期的に発行されるもので，特集が組まれることがある。そして，目的を持った送り手の意図によって構成されており，ターゲットを想定して編集されたものである。

　なぜこのようなことが問われるのかといえば，メディアが私たちのコミュニケーションや社会生活に欠かせないものであり，知識や技能が活用される必然性のある場面に存在しているからに他ならない。このように日常的な社会生活と密接に関係するメディアのあり方について捉え直すことが問われている中，あらゆる教科・領域でメディア教育の意義が認められてきている。

3．葛藤する問題解決場面

　このような学力の育成を考える上で，参考になる実践事例を紹介した

い。佐藤幸江氏（当時，横浜市立高田小学校・教諭）は，4 年生国語の授業で新聞作りをする授業を行った。上位学年である 5 年生が，学校全体のために，どのような委員会活動をしているのか取材し，保護者に伝える新聞制作の学習活動である。（図 2）

図 2　作品例

　この実践において，ひと通りの取材を終えて，いざ記事にしていこうとする場面で，あるグループの子どもたちは判断に迷う事態に直面した。「なぜこの委員会をすることにしたのですか？」と 5 年生にインタビューしたところ「ジャンケンで決めた」という答えが返ってきたというのである。

　もし，このことをそのまま記事にすると，「主体性のない 5 年生」という悪いイメージになってしまう。しかし，載せないと事実を隠蔽したことになるのではないか，という事を子どもたち同士で話し合っていたのだ。結局，この事例では，教師や外部講師のアドバイスを受け，再取材を行った。さらに詳しく聞くことで，きっかけはジャンケンだったけ

れど誇りをもって活動をしているという話を聞くことができ，それを含めて記事にしたということである。

さて，この事例からまず考えるべきことは，「ジャンケンで決めた」と書くことが本当に「事実」を伝えたことになるのかどうか，ということである。もしかすると，冗談や照れ隠しで出た言葉であって，「自分たちはやる気がない」ということを意図して話したのではない可能性もある。また，たった1人が言った言葉が，すべての5年生のイメージを作ってしまう可能性にも留意する必要がある。つまり，そう話したこと自体は事実だとしても，それは取材対象の一面にすぎないことであり，その部分だけを取材対象を知らない人に伝えると誤解を広げてしまうことにもなる。

このように表現・発信することの難しさや責任を実感できる場面は，実際にメディアを制作してみないと経験できない。「新聞とは事実をありのままに伝えるもの」と考えていた子どもたちは，それほど単純なものではない，ということを理解したはずである。メディアを制作し，人に物事を伝えることの難しさを知ることによって，受け手としてメディアとどう接していくか，送り手としてどう表現・発信していくかということについても考えることができたといえる。

4．メディア教育を阻害してきた要因

以上のように，学習指導要領・学力テストが目指している学力や問うている内容には，メディア・リテラシーと関わりがあるものも含まれるようになってきている。しかし，「メディア・リテラシーを育成すること」を目的として掲げてはいない。そのため，各教科領域においてどのようにメディア教育を取り入れていくか考える必要がある。しかし，そのような取り組みを行ううえでの課題も存在する。特に1990年代以降，

メディア教育の実践が多数開発され，実際に取り組まれてきた。しかしながら，その後，そうした取り組みが十分に普及したとは言い難い。山内（2003）は，メディア教育が普及しない理由として次の 5 点を挙げている。

---

① 　社会的にメディア・リテラシーやその教育の必要性が認知されていないこと。
② 　学習指導要領で定められていないこと。（関連がある教科・領域で，分断して扱うしかない）
③ 　教員養成系の大学にメディア・リテラシーに関するコースがないこと。
④ 　教師の支援体制が十分に整っていないこと。
⑤ 　教師は「大衆メディア」を教室に持ち込むことに抵抗があること。

　また，これを踏まえ中橋ら（2009）は，メディア・リテラシー教育を実践した経験を持つ教師を対象に電子メールを用いた往復書簡形式の聞き取り調査を行っている。データを整理した結果，現場教師の感じている「メディア教育を阻害してきた要因」は，次のように整理された。

（1）認知されていないこと
・実践している教師は多いが，それをメディア・リテラシー実践と認識していないから
・重要性を認識していないから
（2）強制力がないこと
・義務化されていないから
・教科書がない・取り扱われていないから

・意欲がないから

（3）負担が大きいこと

・新しいものに取り組みにくい多忙な状況があるから

・簡単に評価できないから

・指導が面倒（大変）だから

・単元を開発する時間がないから

・難しいという印象があるから

（4）従来の教科学力に囚われていること

・従前からの国語教育の指導内容イメージから抜け出せないから

・国語で文学指導を中心としてきたから

・「批判的に」よりも「正確に」読み取ることが重視されるから

・情報を中立なものと思う傾向があるから

・自らがメディア・リテラシー教育を受けた経験がないから

　これらの結果を，先に示した山内の整理と比較すると「（1）認知されていない」という理由は，「①社会的にメディア・リテラシーやその教育の必要性が認知されていないこと」と近い内容である。ただし，ある教師からは，「国語の授業で行われている学習は，ほとんどが「メディア・リテラシー教育」と言ってもいいと思います。ただし，多くの教師が「メディア・リテラシー」という言葉に振り回されて「実践していない…」と答えているだけで，実践している教師は多いと思います。」といった意見もあり，認知されていないことと実践されていないことは，必ずしも同じではないとする指摘もあった。

　次に，「（2）強制力がない」という理由は，「②学習指導要領で定められていないこと」と近い。「教科書に明記されていないため，その範疇を超えた内容については，実践の必要性を感じていない（教師がいる）」

という指摘からもわかるように，必須ではない何か特別な授業だという認識があるものと考えられる。

また，「(3) 負担が大きい」という理由は，直接的ではないが「④教師の支援体制が十分に整っていないこと」と関連があると言える。ただし，これは教師の仕事量が純粋に増加していることが要因になっているという見方もできる。時間的余裕がなく，心理的負担が大きな障壁となっているという指摘は，単に研修や教材の支援体制だけで乗り越えられるものではないことを示唆している。

山内の挙げた要因と直接合致しないものとして特に注目したいのが，「(4) 従来の教科学力に囚われている」という理由である。特に国語教育の伝統的な学力観が阻害要因として挙げられているが，一方で「国語科では PISA 型読解力のところから自然にメディア・リテラシー教育がはいっていくことを感じています。」という記述も確認できた。少しずつ学力観の転換が行われ始めているが，伝統的な学力観に囚われすぎることがメディア教育を阻害する要因となることが示唆された。

5. 教育機会の保障をどう考えるか

メディア・リテラシーは，この社会で生きる上で必要不可欠な能力である。そうした認識の広まりからか，義務教育段階においてもメディアに関わる教育が行われつつある。しかしながら，学習指導要領で「メディア・リテラシー」という言葉は使われておらず，現段階において教育の機会が保障されているとは言いがたい。

例えば，コミュニケーション手段としてコンピュータやネットワークを活用する授業や情報通信産業について学ぶ社会科の授業，パンフレット制作や新聞制作に取り組む国語の授業などが行われてはいるが，各教科にはそれぞれの目的があるため，メディアについて学ぶ教育の機会が

保障されているわけではない。こうした状況を改善するものとして期待されるのが，新教科創設に関わる取り組みである。

　京都教育大学附属桃山小学校は，文部科学省の研究指定（2011〜2013年）を受けて新教科「メディア・コミュニケーション科」の開発研究を行った。山川（2012）らは，新教科「メディア・コミュニケーション科」の目標を「社会生活の中から生まれる疑問や課題に対し，メディアの特性を理解したうえで情報を収集し，批判的に読み解き，整理しながら自らの考えを構築し，相手を意識しながら発信できる能力と，考えを伝えあい・深めあおうとする態度を育てる。」としている。また，「子どもたちに付けたい力」を以下の5つに整理している。

---

① 相手の存在を意識し，その立場や状況を考える力
② メディアの持つ特性を理解し，必要に応じて得られた情報を取捨選択する力
③ 批判的に情報を読み解き，論理的に思考する力
④ 情報を整理し，目的に応じて正しくメディアを活用していく力
⑤ 情報が社会に与える影響を理解し，責任を持って適切な発信表現ができる力

　このような力を子どもたちに育むべく，6年間を通じたカリキュラムを開発し，授業を実践し，評価を重ねてきた。その中から実践事例を一つ紹介する。

　4年生を担任する木村壮宏氏・宮本幸美江氏（当時，京都教育大学附属桃山小学校・教諭）は，新聞とテレビニュースの比較・分析を通じて，それぞれのメディアの特性について学ぶ実践を行った。全10時間の単元で，同じ事実の内容に関する複数の新聞記事を読み比べる活動（3時

間），同じ事実の内容をテレビニュースと新聞記事で比べる活動（3時間），制作者と受け手の思いや伝わり方について考える活動（4時間）で構成されている。（図3）

図3　新聞記事とテレビニュースの比較

指導案に示された単元の目標は，以下の通りである。

単元の目標

・新聞やテレビニュースで扱われている同じ事実の内容について，その取り上げ方や記事の書き方に興味を持ち，それらの違いについて話し合い，進んで考えていこうとする。

【メディア活用への関心・意欲・態度】

・既成の新聞やニュース，自分たちの作った新聞を読み比べてみることを通して，事実の取り上げ方や記事の書き方の特徴について考える。また，送り手の思いと受け手の受け止め方に違いがあることについて話し合い，思いの伝え方について考える。

【メディア活用の思考・判断・表現】

・新聞やテレビニュースで扱われている同じ事実の内容について比較する活動を通して，新聞記事やテレビニュースの長短所を知る，また，それぞれのメディアを取り扱う際のマナーについて理解する。

【メディア活用に関する知識・理解・技能】

そして，単元の評価基準を次のように定めている。

○メディア活用への関心・意欲・態度

・新聞記事を読み比べ，取り上げ方の違いについて進んで考えていこうとする。

・新聞記事とテレビニュースを比較し，それぞれの特性について進んで考えていこうとする。

・責任を持って発信することの大切さについて考えを深めあおうとする。

○メディア活用の思考・判断・表現

・新聞記事を見比べ，共通点や違いについてそれぞれの考えを比較する。

・新聞記事とテレビニュースを比較し，それぞれの特性についてまとめていこうとする。

・それぞれの特性を活かした思いの伝え方について考える。

○メディア活用に関する知識・理解・技能

・記事の取り上げ方は，送り手の持つ価値観や発信力によって，扱い方がかわることを理解する。

・テレビニュースや新聞記事の特性について理解する。

・それぞれのメディアを取り扱う際のマナーについて理解する。

　このように,「関心・意欲・態度」「思考・判断・表現」「知識・理解・技能」の観点から, 目標と評価について詳細に整理されている。ある出来事を伝えようとする時には, 送り手の意図によって情報の取捨選択が行われる。送り手の意図は送り手自身の価値観によるものであると同時に, 受け手が求めている情報がどのようなものかということにも影響を受ける。メディアが媒介している情報はそれを取り巻く状況に依存しており, 単純な記号の交換ではない。メディアは, ある事象の一面を切り取って伝えることしかできないという限界をもちながらも, 目的に応じて機能的な特性を活かせる伝達手段を選択することができる。こうしたことについての理解を主たる目的として設定し, 学習の達成を評価することまで踏み込むことは, 既存の教科では難しかった。

　以上のように, 本校では, 義務教育における教科として共通に学ぶべきことは何か, どのような授業の方法が適切か, 教材はどのようなものが必要かなど, 地道な研究がなされてきた。既存教科の枠組みで保障することが難しい内容を, 正面から取り扱うことによって社会を生きるために必要なメディア・リテラシーが育まれると期待される。このような研究開発学校の取り組みが, 直ちに全国展開されることはないにしても, 得られた成果は意義深く, 歴史に残る重要な取り組みであったと言えるだろう。

参考文献

文部科学省　全国学力・学習状況調査の概要について

　http://www.mext.go.jp/a_menu/shotou/gakuryoku-chousa/index.htm

文部科学省　学習指導要領（平成 20 年告示）

　http://www.mext.go.jp/component/a_menu/education/micro_detail/__icsFiles
　/afieldfile/2010/11/29/syo.pdf

文部科学省　学習指導要領（平成 29 年告示）

　http://www.mext.go.jp/component/a_menu/education/micro_detail/__icsFiles
　/afieldfile/2018/09/05/1384661_4_3_2.pdf

国立教育政策研究所　教育課程研究センター「全国学力・学習状況調査」調査問題・
　解説資料等について

　http://www.nier.go.jp/kaihatsu/zenkokugakuryoku.html

山内祐平（2003）デジタル社会のリテラシー．岩波書店

中橋雄・中川一史・奥泉香（2009）メディア・リテラシー教育を阻害してきた要因
　に関する調査．第 16 回日本教育メディア学会年次大会大会論文集，pp.123-124.

山川拓・浅井和行・中橋雄（2012）「メディア・コミュニケーション科」の開発（2）．
　第 18 回日本教育メディア学会年次大会発表論文集，pp.3-4

付記

　本章は，中橋雄（2014）『メディア・リテラシー論（北樹出版）』3 章・9 章の一
部を基にして執筆したものである。

14 | メディア教育を支援する教材とガイド

中橋　雄

《**目標&ポイント**》　本章では，わが国の学校教育におけるメディア教育が，学校外の機関によってどのように支援されてきたかについて学ぶ。メディア教育用の教材は，総務省，公共放送，研究者など，様々な立場のもとで開発されてきた。これらは，どのような学習内容を取り上げ，どのような方法で学習を促進させようとしてきたのか確認する。また，こうした支援を継続的に行う上での課題について検討する。
《**キーワード**》　教材，リソースガイド，総務省，学校放送，研究者

1. メディア教育を支援する教材

　メディア・リテラシーを育む教育実践の重要性を理解したとしても，教師が実際に実践を行うとは限らない。教師自身がメディア教育を受けたことがない場合が多く，どのように教えてよいかわからないという問題に直面することがある。また，教科書・教材がない場合に，何もないところから準備することは，教師にとって大きな負担となる。

　そのため，メディア教育を充実させようと考える教師は教員研修会に参加することや書籍，Web サイト等で情報を収集することを通じて，メディア・リテラシーを育むための学習内容や教育方法について学ぶ必要がある。また，そのような教師を支援するために様々な教材やガイドが開発・共有される必要もあるだろう。教材は，教育活動を効率良く進めるために活用されるのはもちろんのこと，それらの活用を通じて教師が

教育内容や教育方法を身に付けていくことにも役立つと考えられる。

　このような教師を支援する教材を開発する取り組みは，様々な立場のもとで行われてきた。例えば，放送・通信を管轄する総務省はメディア教育用の教材開発に取り組んでいる。また，放送局が提供する学校放送番組もある。これらの企画・開発には，研究者や実践者が関わっているが，研究者が科学研究費や財団の助成を受けるなどして独自に研究・開発・公開している教材もある。

　この章では，いくつかの教材例を取り上げて，メディア教育を支援するために誰がどのような取り組みをしてきたのか，それがどのような意味を持つのかということについて考えていきたい。

2．国の取り組み

1）放送分野におけるメディア・リテラシー教材

　総務省は，青少年健全育成の観点から放送分野におけるメディア・リテラシーの向上に取り組んでいる。その一環として小・中学生及び高校生用のメディア・リテラシー教材と教育者向け情報を開発し，広く貸出している。これらの教材は，総務省が公募して，教師や研究者や企業等が開発したものである。

　郵送による貸出を行なっている DVD 映像教材や印刷物の教材だけでなく，インタラクティブ性のあるデジタル教材や教師向けの情報が Web サイト上に公開されている。（図1）そのため，Web サイト上からいつでも誰でも活用することができ，大学生や大人でも閲覧したり，学習したりすることができる。Web サイトのメニューは，「テレビの見方を学ぼう」「貸出教材の紹介」「教育者向け情報」の3つがある。

　「テレビの見方を学ぼう」のコーナーは，テレビに特化した教材を紹介するとともに，放送の仕組み，番組の種類，編集，テレビの見方を学

ぶ必要性について言及している。テレビの見方を学ぶ必要性については，メディアには制作者の意図が含まれており，それが人々の価値観の形成にも関わるといったことに触れている。

　「貸出教材の紹介」のコーナーは，公募によって開発された教材の概要が紹介されている。教師は，この概要を参考にして教材を選択し，貸出の依頼をすることになる。

　「教育者向け情報」のコーナーは，教材を使った指導案，ワークシート，実践レポートなどを閲覧することができる。こうした情報を提供することによって，教材をどのように使えばよいかわからない，どのような授業をすればよいかわからないといった教師の不安を解消することができる。

図1　総務省　放送分野におけるメディア・リテラシー教材

放送を管轄する総務省が行なっている事業であるため，その範囲は限定されたものである。また，必ずしも学校教育を対象としたものばかりではなく，広く青少年を対象としていることから学校教育の枠組みの中では位置付きにくい教材も含まれる。こうした制約はあるものの，国の事業として，この社会で生活する上で必要となる素養を示し，具体的に取り組まれてきたことは，注目に値する。

2）「ICT メディアリテラシーの育成」に関する教材

総務省は，放送分野におけるメディア・リテラシーに関する事業だけではなく，「ICT メディアリテラシーの育成」に関する事業も行なっている。この事業は，小学生（高学年）向けと中高生向けに「ICT メディアリテラシー」を総合的に育成するプログラムを開発したものである。今後の ICT メディアの健全な利用の促進を図り，子どもが安全に安心してインターネットや携帯電話等を利活用できるようにすることを目指している。

「ICT メディアリテラシー」という言葉は，学術的な用語として使われることほとんどないが，この総務省の教材では，「単なる ICT メディア（パソコン，携帯電話など）の活用・操作能力のみならず，メディアの特性を理解する能力，メディアにおける送り手の意図を読み解く能力，メディアを通じたコミュニケーション能力までを含む概念」と定義している。

・小学生（高学年）向け教材

この ICT メディアリテラシーを育むために，小学校向けの教材として，テキスト教材，インターネット補助教材，ワークシート，指導案が公開されている。（図 2 ）

図2　総務省「ICT メディアリテラシー」教材

　テキスト教材として，教師が授業を行う方法が記された「ティーチャーズガイド」，学習者が用いる「学習テキスト」，家庭での振り返りを促すために保護者が用いる「家庭学習用ガイドブック」，学習者用の「学習ワークブック」をダウンロードできる。

　インターネット補助教材として，「ICT シミュレーター」というインタラクティブな Web 教材が用意されている。対象となる学習内容として，検索，ブログ，ケータイ，迷惑メール，メールでのけんか，掲示板，チャットなどに関する教材が準備されている。

　こうした教材を使いつつ，ワークシートに記入したり，教室内で議論したりする中で，ICT 機器を活用したコミュニケーションに関して学ん

でいく。

・中高生向け教材

　中高生向けの教材で取り扱っているテーマは，「主体的なコミュニケーション（自他尊重のコミュニケーション）」「メールによるコミュニケーションのポイント，情報化社会への主体的参加」「クリティカルシンキング，クリエイティビティ，情報化社会への主体的参加」の３つである。それぞれに教育プログラムが公開されており，教育用リソース及びリソースガイドとして，ビデオクリップ，シナリオ，スライド，掛図，ワークシート，アンケート，指導資料などをダウンロードできるようになっている。

　まず，ビデオクリップのドラマを視聴し，ワークシートに考えたことを記入する。登場人物の振る舞いとして，何がよかったのか・よくなかったのかなどの問いに対する回答を考えて，シートに記入する。この教材は，スライドや掛図を使って，教師が解説したり問いかけたりしたりしながら授業を行なっていくことが想定されている。ビデオクリップのドラマのあらすじを以下に引用する。

◎主体的なコミュニケーション（自他尊重のコミュニケーション）
　村井甲斐は，中学１年生ながら剣道部のエース。練習に励み，着実に力をつけ，レギュラーになりました。ブログを立ち上げ，剣道の練習のことや日々の思いを書いています。練習試合で，ライバル校のエース榎本直樹に勝ち，うれしさのあまりブログに，つい軽い気持ちで「結構，楽勝…」と書いてしまいました。すると50件を超える批判的な書き込みがあり，甲斐は落ち込みます。書き込みはだんだんエスカレートし，甲斐は練習する気をなくしてしまいまし

た。ある日，甲斐を励ます書き込みが寄せられました。それは，直樹からのものでした。

◎メールによるコミュニケーションのポイント，情報化社会への主体的参加

　西高バスケ部副キャプテンの宮下とキャプテンの高橋は，チーム強化のため，隣校のように社会人の OB にコーチに来てもらえないだろうかと考えた。直接の知り合いもいなかったため，まずは"よっしー"こと大学生の吉田先輩に相談することを思いつく。早速，吉田先輩から全国大会出場経験のある，現在は社会人の小林先輩のメールアドレスを聞くことができたため，宮下は練習参加お願いのメールを送った。あっさりと小林先輩から練習参加 OK の返信メールが届き，浮かれていた宮下のもとに，なぜか吉田先輩から困惑のメールが届いた。

◎クリティカルシンキング，クリエイティビティ，情報化社会への主体的参加

　月島中学校 2 年生の亜衣は持ち前の好奇心から，親友の真由を誘って図書室に掲示してあった「調べ学習コンクール」にチャレンジします。亜衣は父親のアドバイスでインターネットを使って調べ，真由は図書館で調べます。二人は毎日下校時刻まで調べ学習に没頭しますが，真由がブログ記事を見て，ふと "あること" に気づきます。

　このような日常生活におけるコミュニケーションの場面において，どのように意思決定するとよいか考える教材である。

3. 公共放送の取り組み

　NHK は，学校放送番組として，メディア・リテラシーの育成を目指した番組の制作・放送を行なってきた。例えば，次のような番組が放送されてきた。なお，番組の概要は，放送されていた当時の Web サイト等から引用した。

◎「しらべてまとめて伝えよう〜メディア入門〜」

・放送期間：2000 年度〜2004 年度

・放送時間：15 分

・学年と科目：小学 3・4 年・情報分野

・番組の概要：番組では，小学校 3・4 年生の子どもたちが，デジタルカメラ，ビデオカメラ，パソコン，インターネットなどのツールを活用しながら，自ら取材して情報を集め，壁新聞やウェブページの形にまとめて情報発信する姿をドキュメントします。中学年になって，さまざまなメディアと接触を始める子どもたちのために，情報活用のための基本的なスキルやルールを教えます。
「取材する相手にきちんとあいさつできる」「相手の気持ちや都合を考える」といったコミュニケーションの基本を大切にしながら，使えるツールやスキルの範囲を徐々に広げて，「情報活用の実践力」を育みます。

◎「体験メディアの ABC」

・放送期間：2001 年度〜2004 年度

・放送時間：15 分

・学年と科目：小学校高学年・総合的な学習の時間

・番組の概要：小学校高学年向けのメディアリテラシーについての番組。メディアでよく使われる手法を実際に体験して，情報の発信力と受容能力を同時に育む「体験コーナー」と，マスメディアの世界で働くプロの仕事を紹介する「メディアのプロコーナー」で構成する。

◎「ティーンズ TV メディアを学ぼう」
・放送期間：2005 年度〜2006 年度
・放送時間：20 分
・学年と科目：中学・高校・総合的な学習の時間
・番組の概要：情報化社会を生きる中学・高校生にメディア・リテラシーを育んでもらう番組。テレビ番組や CM などの制作現場の裏側を取材し，マスメディアで発信される様々な情報がどのように作られているのか，その仕組みを紹介し，情報を主体的に選択し受け取る力を養う。

◎「10 min. ボックス　情報・メディア」
・放送期間：2007 年度〜2015 年度
・放送時間：10 分
・学年と科目：中学・高校・総合的な学習の時間
・番組の概要：パソコンや携帯電話など，私たちの身の回りの情報環境やメディアのあり方が，いま急速に変化しています。その学習を支援するための映像教材番組です。主に中学「技術（情報分野）」・高校「情報」や「総合」，「国語」などでの情報読解や情報発信，あるいは「社会」での学習にも活用していただける内容をそろえます。

◎「メディアのめ」

・放送期間：2012 年度〜2016 年度

・放送時間：10 分

・学年と科目：小学 4 〜 6 年・総合的な学習の時間

・番組の概要：私たちのまわりには，テレビ，雑誌，インターネット，携帯電話など様々なメディアからの情報があふれています。子どもたちには，そうした大量のメディア情報を取捨選択して受け止めるとともに，積極的にメディアを使いこなしていく力「メディアリテラシー」が必要になってきています。番組ではジャーナリストの池上彰さんを案内人に，子どもの身近なメディアへの疑問を入口として，様々なメディアの世界を探っていきます。

◎「メディアタイムズ」

・放送期間：2017 年度〜2018 年度現在継続中

・放送時間：10 分

・学年と科目：小学 4 〜 6 年・中・総合的な学習の時間・社会・国語

・番組の概要：仲間とともに身に付ける！メディア・リテラシー　映像制作会社“メディアタイムズ”のスタッフがメディアの現場に飛び込み，制作者のねらいや工夫を調べます。彼らが取材してきた内容や話し合いを通して，メディアをどう読み解けばいいのか，そして，どう使いこなせばいいのか，仲間とともに考えていく番組です。様々なメディアに囲まれて生活するこの時代，その大海原を渡るためのヒントが，きっと見つかるはず！

これまでと同様に現在の学習指導要領（小・中学校：平成 29 年 3 月

告示，高等学校：平成 30 年 3 月告示）に「メディア・リテラシー」という言葉自体は登場しないが，それをテーマとした番組作りが継続的に行われてきた意義は大きい。そのような意思決定の背景には，学術的にその意義が提出されてきたことと公共放送を担う影響力を持ったメディアとして社会貢献を果たそうとする姿勢があるものと推察される。

4．研究者による教材開発

　科学研究費や財団などの助成金を受けた研究者によって開発された教材もある。それらは，授業設計・指導方法の未開発，学習リソース不足，教師支援の不足などを問題意識として開発されている。

1）メディア教育用のリソース及びリソースガイド

　中橋ら（2008）は，経験が少ない教師でもメディア教育を実践できるようにモデル実践から授業設計・指導方法を学ぶことができる教師用のリソースガイドを開発した。モデル実践の意図・活動を解説するとともに，そこで使用された教材をダウンロードして活用できる Web サイトである。トップページには単元を構成する複数のステップが提示されており，単元の全体像を把握できるようになっている。そして，ステップごとに詳細を開くと授業のねらいや工夫が提示される。そこでは，授業で使うサンプル素材・制作用ワークシート・評価シートなどをダウンロードして活用できるようになっている。

　このリソースガイドの特徴は，水越（1974）が実践研究のために用いたマトリクスに活動場面の画像を配置し，学習活動の流れを視覚的に把握しようとしたところにある。『制御と発見』と『知識・技能と見方・考え方』の 2 軸からなるマトリクス上で，学習活動の流れと教師の役割を視覚的に理解できる点である。（次ページの図 3）このことによって，

「教師主導で進める指導場面」と「子どもが主体的にメディア制作に取り組む活動場面」をうまく組み合わせる教育方法をイメージすることができる。

図3　マトリクスに活動場面の画像を配置したリソースガイド

　教材では学校の知られざるよいところを保護者に伝えるための映像をデジタルカメラで撮影し，ナレーション・BGM付きのスライドショーを制作する学習をモデル実践として取り上げている。アップとルーズを工夫して撮影した複数の写真から必要なものを選択・構成し，映像・文章(ナレーション)・音楽の組み合わせによって，メディアとしてのメッセージを構成する実践である。

　これは，小学校4年生の国語科「アップとルーズで伝える」という説

明文の学習の後，その知識を活かす形で「伝えよう学校のいいところ」という単元で実践されたものである。

　この実践は，教師主導で指導に当たる場面と子どもが主体的に思考する学習場面が含まれている。どうすれば自分たちの伝えたいことを伝えることができるのか，グループ活動の中で話し合い，思考し，判断し，表現する場面を数多く設定している。

2）映像の特性を学ぶ教材

　映像の理解・制作に関するメディア・リテラシー教育用 Web 教材「メディアを学ぼう【教科情報】」(http://mlis.jimdo.com/) は，財団法人パナソニック教育財団「平成 22 年度　先導的実践研究助成」（研究代表者：中橋　雄）の支援を受け開発された。（次ページの図 4 ）

　映像の理解・制作に関して学ぶことは，以前と比べてもその重要性が増している。ビデオカメラだけでなくスマートフォンのカメラ機能など動画を撮影できる機器が普及したこと，データ圧縮技術の発達やインターネットのブロードバンド化によってインターネットでの動画配信が可能になったこと，動画共有サイトが登場したことなどにより，市民が撮影・編集した映像を広く発信・受容できるようになった。大手のメディア関連企業が発信する情報に偏ることなく，様々な立場の人々から幅広い情報を得ることができるようになった。一方，経験の浅い素人が多くの映像を発信することで，質の低い作品や信憑性に欠ける情報が溢れかえることも危惧される。情報発信の責任について学ぶことや受け手として情報の質を見抜く目を養っていく重要性が高まっている。そのため，映像の理解・表現に関するメディア・リテラシーを市民が獲得することは急務である。

図4　Web教材「メディアを学ぼう【教科情報】」

・「メディアを学ぼう」

　「メディアを学ぼう」は，メディアの特性を学ぶ教材である。この教材では，「メディアとは？」，「メディアの種類」，「メディアの特性」という3項目について学ぶ。

　「メディアとは？」では，メディアの定義について図解を交えて学ぶ。「メディアの種類」では，マスメディアやパーソナルメディアというような分類からメディアの特徴を考える。「メディアの特性」では，新聞・テレビ・インターネットなどのメディアが持つ速報性・一覧性・同期性などの特性を学ぶ。

　「メディアの特性」のページでは，特性ごとにメディアを分類するコンテンツがある。この分類を行う際，児童・生徒が画像をドラッグアンドドロップして枠に引っ張り理由を説明するなど，画面に触れて操作できる電子黒板を有効活用した活動もできる。（図5）

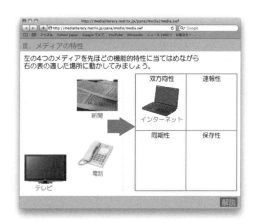

図5　ドラックアンドドロップで分類する教材

・「体験！編集の効果（CM 分析）」

　「体験！編集の効果（CM 分析）」は，映像の特性を理解するための教材である。学習者は，未完成の「カレールーの CM」に，BGM，キャッチコピー，キャッチコピーの色を選んで CM を完成させる。それによって，メディアは意図的に構成されていることを学ぶ。

　複雑な映像編集をする手間と時間を省略し，素材を選択していくだけで，CM ができあがる。（次ページの図6）学習者の考え次第で多様な作品が生まれるので，なぜその表現を選んだかということについて，学習者同士が話し合う機会を作ることができる。

　学習者は，ターゲットや目的に応じて伝え方を変える必要があるとい

うことや，まったく同じ映像でも BGM・テロップ・色などを変えることで印象やメッセージそのものに影響があることを実感できる。

図6　素材を選択して CM を完成させる

・「ドラマで学ぶ！カメラワーク」

　「ドラマで学ぶ！カメラワーク」は，映像の表現手法を学ぶための教材である。複数のシーンで構成されたドラマの映像に含まれる各シーン，各カットがどのように撮影されたものなのか，実際の映像を使って解説する。

　各シーンについて，本編映像とメイキング映像を見比べることができる「撮影の裏側」や，失敗例などを提示しながら説明する「撮影時の注意点」，違和感のない編集方法を学ぶ「編集時の注意点」など，複数の観点から説明されている。（次ページの図7）

　学習者は，制作の過程で，どのようなカメラワークや編集の工夫があるのか，視覚的に理解することができる。このような解説から，伝えたいことに応じたカメラのアングルや位置，動かし方，構図など，自分た

ちが映像制作をしようとする際に役立つ知識を得ることができる。

図7　メイキング映像でアングルを学ぶ

3）ネット時代のメディア・リテラシー教材

　森本（2012）は，既に発行されているメディア・リテラシー教育用の
教材を発展・補完させる形で，ネット時代のメディア・リテラシー教育
用教材開発を行った。主として学校教育において，小学生〜高校生の子
どもが，長期的・体系的にクリティカルな分析方法を獲得するためのメ
ディア・リテラシー教育を可能にするための授業案，実践方法，ワーク
シート，評価などが提供されている。

　学習テーマとしては，インターネットに関するものとして「インター
ネットと広告」「メディアの信頼性」「インターネットとオーディエン
ス」「なぜ人間はSNSを介してコミュニケーションをするのか？」と
いった教材がある。次に，テレビに関するものとして「ヒーローって何？」
「自分たちの言いたいことを表現する映像作品をつくろう」「音楽ビデオ
（PV）の分析」がある。また，新聞に関するものとして「新聞編集者に

なって，記事をつくってみよう」「新聞の構成を理解し，構成のされ方を比較する」がある。さらに，その他のものとして「同じニュースを各種メディアで比較する」「ポスター広告にみるリプレゼンテーション」「広告を切り貼りして，新しい広告をつくろう」「科学技術の利用についてのリプレゼンテーション」「私たちが普段付き合っているメディアについて，互いにインタビューしよう」「アメリカ人から見たアジアの俳優のステレオタイプ」「パロディ広告をつくろう」がある。

カナダのオンタリオ州におけるメディア・リテラシー教育実践に基本理念を置きつつ，テクスト分析，協働学習，文脈分析，制作活動などの学習活動と学習者のパフォーマンスを評価する方法が整理されている。

5．さらなる発展のために

以上のように，様々な立場から教育の現場を支援する取り組みが行われているが，まだそれほど多くはない。また，ここで紹介した国，公共放送，助成金による開発は，恒常的なものとは言えず，社会の風潮によっては，こうした予算措置がいつまでも続くとは限らない。

教育分野を管轄している文部科学省は，現時点において前面に出てメディア教育用教材の開発を実行・推進していない。また，学習指導要領（小・中学校：平成29年告示，高等学校：平成30年告示）に「メディア・リテラシー」という言葉は使われていない。

しかし，平成14年6月に同省より発行された「～新「情報教育に関する手引」～」には，「メディアリテラシーの育成」というコラムが掲載されている（文部科学省，2002）。また，文部科学省の検定教科書では，社会科，情報科などで「メディア・リテラシー」という言葉が用いられているものもある。さらに，国語科を中心として，様々な教科で，調べ，学んだことや何かしらの課題解決を目的としてパンフレット，新

聞，映像作品などのメディアで表現する言語活動が取り入れられている。メディア・リテラシーの重要性を感じて実践を構想する教師は，こうしたところを拠り所にして実践に取り組んでいる。

　現場の教師はメディア教育を行う必要性を感じ，実践している状況があり，それを支援する人々，組織もある。学習指導要領におけるメディア教育の取り扱いを検討することも含め，文部科学省がこうした支援体制をバックアップし，メディア教育を推進していくことが望まれる。

引用・参考文献

総務省　放送分野におけるメディア・リテラシーの調査研究と教材開発.

　http：//www.soumu.go.jp/main_sosiki/joho_tsusin/top/hoso/kyouzai.html

総務省　ICT メディアリテラシーの育成.

　http：//www.soumu.go.jp/main_sosiki/joho_tsusin/kyouiku_joho-ka/media_literacy.html

中橋雄・盛岡浩・前田康裕（2008）メディア制作の授業設計・指導方法を視覚的に提示した教師用教材の開発．日本教育工学会論文誌 32（suppl.）：21-24

水越敏行（1974）発見学習の展開．明治図書

文部科学省（2002）情報教育の実践と学校の情報化　〜新「情報教育に関する手引」〜.

　http：//www.mext.go.jp/a_menu/shotou/zyouhou/020706.htm

森本洋介（2012）ネット時代のメディア・リテラシー教材報告書.

　http：//www.mlpj.org/cy/cy-pdf/ml_material_for_students.pdf

付記

　本章は，中橋雄（2014）『メディア・リテラシー論（北樹出版）』10 章の一部を基にして執筆したものである。

15 | ソーシャルメディア時代の メディア教育

中橋　雄

《**目標＆ポイント**》　本章では，ソーシャルメディアが普及した時代に求められるメディア・リテラシーとその教育のあり方について考える必要性について学ぶ。ソーシャルメディアは，人と人との関わりによってコンテンツが生成される特性を持つことから，これまでのメディア教育とは異なる教育内容と方法が必要になる。まず，ソーシャルメディア時代とはどのような時代なのか確認する。その上で，どのような学習目標を設定し，学習活動を行う必要があるのか解説する。

《**キーワード**》　ソーシャルメディア，User Generated Contents，学習目標，学習活動

1. ソーシャルメディアとは何か

　ソーシャルメディア時代に求められるメディア・リテラシーについて考える上で，まず，「ソーシャルメディアとは何か」ということについて考えておく必要があるだろう。ソーシャルメディアとは，Facebookなどの SNS，LINE などのグループメッセージ機能をもつアプリ，Twitter などのミニブログ，YouTube などの動画共有サイトなど，ユーザー同士が関わる中でコンテンツが生成されるという特徴を持つメディアのことである。運営会社によって仕組みやサービスは少しずつ異なるが，情報の閲覧，発信，評価，拡散などによってコンテンツが生成される。自分が見たいと思う情報発信者の情報を一覧表示できるようにフォロー

して閲覧し，気に入ったものを「いいね」ボタンで評価したり，「リツイート」や「シェア」ボタンで自分の情報発信を閲覧しているフォロワーに共有したりすることができる。こうした仕組みは，ソーシャルメディアの種類によってそれぞれ独自の機能をもち，それを活かしたサービスが提供され，既存のメディアと連携したり，差別化したりしながらコミュニケーションの場が形成されてきた。サービスの開発者・運営者は，使い方を想定して機能を提供するが，それをどのように活用していくかは，ユーザー次第ということができる。

　新聞，雑誌，テレビ，ラジオなどのマスメディアは，同じ情報を広く伝えることができるところに特徴がある。その多くは企業として運営されており，新聞記者やテレビ番組のディレクターなど，それを職業とする人が送り手となり，読者や視聴者が受け手となる。一方，ソーシャルメディアの場合，運営者は情報プラットフォームとしての役割を果たし，それを使うユーザーが情報の内容を生み出す送り手の役割と受け手の役割両方を果たすことが多い。ユーザーは，一般の人はもちろんのこと，企業の広報担当者やマスメディア関連企業の場合もある。

　例えば，Twitter を利用してニュースを配信している新聞社もある。読者は，リンクをクリックすると新聞社のサイトで記事の詳細を読むことができる。記事には広告も表示されており新聞社は広告収入を得ている。紙の新聞を売店で販売したり，配達したりしていた時代から，Webサイトでデジタル化した新聞を購読できる時代になり，さらに記事によっては広告を見る代わりに無料で読むことができるようになった。こうした変化は，単に流通経路が増えたという話に留まるものではない。

　先に述べたとおりソーシャルメディアでは，「いいね」ボタンで他者の投稿を評価したり，「シェア」ボタンでつながりのあるユーザーと共有したりすることができる。フォローしているユーザーが生み出す情報

が一覧表示されたタイムラインには，フォローしているユーザーが共有した情報も表示される。その情報を自分も共有すれば，それを広めることができる。人の判断によって共有されたものほど多くの人の目に入る。一つの記事の影響力は，その場に参加する人々が共有するかどうかに左右される。その分，共有されやすくするために表現を工夫したり，感情に訴えかけるような表現が多く使われたりすることになる。根拠のないうわさ話は，興味を持たれやすく，他の人にも伝えたいと思われやすいことから，デマが拡散しやすい構造にもあるといえる。それだけに誰がなんのために発信した情報なのか，読み解く必要がある。また，それを拡散することがどのような影響力を持つのか考えて共有するかどうか慎重に判断する必要があるメディアだといえる。

2．ソーシャルメディア時代のメディア・リテラシー

新しいテクノロジーやサービスが生まれ，様々な使われ方がされることによって，人々のライフスタイルやコミュニケーションは変化していく。そして，それに応じた能力が求められることになる。例えば，文字だけのやり取りだと感情が伝わらずトラブルが起きやすいことを知った上で表現に配慮する能力が求められることになる。また，自分の送ったメッセージを相手が確認して「既読」の通知があったとしても，相手がすぐ返事できる状況にない場合があることを知ったうえで，過度に不安にならないように自分の気持ちをコントロールする力が求められる。さらに，自分の目にしているタイムラインは，限られた人々の考えであることを知ったうえで，それを世論だと思い込まないようにする力も求められる。

ソーシャルメディアは，「フィルターバブル」「エコーチェンバー」といった現象を生じさせると言われている（津田・日比，2017）。「フィル

ターバブル」とは，まるで泡に包まれたかのように，泡の外にある情報を見えにくくして，泡の中にある自分が見たいと思う情報だけを目にする現象のことである。「エコーチェンバー」とは，音が反響する部屋のように，あるコミュニティの中で自分と似た思想に多く接することで，その考えが増幅され，外にあるコミュニティの考えよりも優位に感じられる現象のことである。こうした現象によって，人々は世の中に多様な考えがあることに気付きにくくなるとともに，異なる考えに触れた際に理解しようとせず攻撃的な姿勢になりやすくなってしまう。

　こうした現象と関連して，「フェイクニュース」「ポスト・トゥルース」という言葉も注目されるようになった。「フェイクニュース」は，事実かどうかわからないことを事実のように伝えたニュースのことである。「ポスト・トゥルース」とは，客観的な事実よりも感情的な主張が影響力を持つような政治状況のことを意味する。政治家および政治に関心のある人が客観的な裏付けがない政治的な思想を感情に訴えかける方法で語り，同じような考えを持つ人々がそれに共鳴し，増幅される。ソーシャルメディアの持つ構造は，そうした現象を生じさせやすくさせたと考えることができる。(藤代，2017)

　このように，ソーシャルメディアは，「これまで関わることがなかったような人々と関わる環境」でもあり，「同じ興味関心を持つ人々とグループを作り交流できる環境」であるとともに，「異なる思想や価値感を持つ人々との関わりを見えにくくする環境」を生み出した。人と人とが関わり，小さな社会・コミュニティがいくつも生み出され，独自の文化や価値観が形成される。人々は，ソーシャルメディアを通じて，これまで以上に多様な社会に複数属して社会生活を営んでいる。このようなメディア環境が人々にとってどのような意味を持つのか考え，行動していくための能力が重要となる。それが，ソーシャルメディア時代のメディ

ア・リテラシーということになる。

　思想が似た人同士をつなげる環境において，異なる思想に触れた時に混乱や争いが生じないようにするためにはどうしたらよいか，社会全体で望ましいメディアのあり方について考えることが求められている。こうしたソーシャルメディア時代のメディア・リテラシーを，これからの時代を生きる子どもたちに育むことは喫緊の課題といえる。

3．メディア教育の内容と方法

　ソーシャルメディア時代とは，「ソーシャルメディアだけを使う時代」ということを意味するものではない。様々なメディアに加えてソーシャルメディアの影響力が高まってきた時代であると捉える必要がある。そのため，従来から存在するメディアに関して学ぶ教育もソーシャルメディア時代のメディア・リテラシー教育だといえる。ソーシャルメディアについて学ぶことに加えて，ソーシャルメディアの登場によって既存のメディアがどのように変化しているか学ぶことも重要である。さらに，既存のメディアと異なる特性を持つソーシャルメディアが，人と人との関わり，価値観やライフスタイルにどのような影響を及ぼすのかを学ぶことが重要である。では，具体的にどのような教育実践を行っていく必要があるのだろうか。

　ソーシャルメディアは，人と人との関わりによってコンテンツが生成される特性を持つことから，これまでのメディア教育とは異なる教育内容と方法が必要になる。以下では，中橋ら（2017）において開発された単元と実践事例に基づき，ソーシャルメディア時代のメディア・リテラシーを育むための教育内容と方法について考えたい。

　山口眞希氏（当時，石川県金沢市立小坂小学校・教諭）は，小学校4年生を対象として，学級内に限定したSNSの活用を通じてコミュニ

ティにふさわしい投稿内容や言葉の使い方について考える実践を行った。図1に示した通り，「ソーシャルメディア時代のメディア・リテラシーの構成要素（本書第10回参照）」に基づく単元が構想された。この単元は，日常的な SNS での交流活動と関連させた6時間の授業で構成されている。授業実践は，国語，特別活動，総合的な学習の時間を組み合わせて実施された。

　日常的な SNS の交流活動には，教育用 SNS「ednity」が利用された（https : //www.ednity.com）。「ednity」は，Facebook などの SNS に似た形式で，記事や写真の投稿，リンクの貼り付け，返信コメントや「いいね」ボタンで記事の評価をすることができる。教師がアカウント管理をすることによって，メンバーを限定した SNS 環境を作ることができ，学習者同士の交流を見守ることができる。

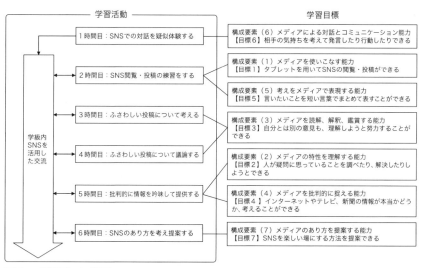

図1　開発した単元

1) 1時間目：SNSでの対話を疑似体験する

　1時間目には，実際にSNSでの投稿をする前に情報モラルに関する学習が行われた。コンピュータ教室で「情報モラルNavi（ベネッセ）」を用いて，あるキャラクターが不快なコメント（「ほんと，おめでたいヤツって言われない？」「ばーか！」「にどとくるな！」など）を返してくるチャットを疑似体験する。

　それについて感じたことを話し合う中で，相手の気持ちを考えて発信することの大切さを理解するための授業実践が行われた。学習者からは，「イライラした」「ショックだった」などといった感想があげられた。

　不快なコメントがあった場合どうしたらよいか，という教師からの質問に対しては，「悪口を書かれても，我慢して，悪口で返さないことが大事だと思います。話をそらしたほうがよいと思う」「冗談で言ったとしても相手にとっては受け止め方が違うから，ちゃんと相手の気持ちを考えて，話してあげるのがよいと思います」などの意見が出された。

　この時間は，「構成要素（6）メディアによる対話とコミュニケーション能力」を育むために「【目標6】相手の気持ちを考えて発言したり行動したりできる」という学習目標が設定されていた。ソーシャルメディアの多くは，非同期で，お互い相手の反応を把握しづらい構造がある。学習者は，そうしたソーシャルメディアの構造を前提として相手の気持ちに配慮した情報の発信と受容をする重要性について，学ぶことができたと考えられる。

2) 2時間目：SNS閲覧・投稿の練習をする

　2時間目では，「将来使うことになるSNSをうまく活用できるようになろう」という目的を確認したうえで，実際に学級内SNSを活用して学習をしていくことが説明された。そして，投稿の仕方やコメント入力

の仕方などの操作方法を説明し，運用を開始した。(図 2) 学習者は，教師の投稿に対してコメントを付ける練習をした後，普段から不思議だと思っている素朴な疑問を短い言葉にまとめて投稿し，他の学習者の疑問にコメントを付ける練習を行った。

図 2　SNS の閲覧と投稿

　学習者に SNS を一定程度活用してもらった上で授業での議論を行う必要があるため，教師は，それ以降，休み時間や放課後などに 1 日 1 回は SNS にアクセスするよう学習者に指示した。SNS 上で学習者から投稿された話題は，「出来事」「質問」「遊び」「意見表明」「宣伝」に大別することができた。

　まず，出来事を伝える投稿としては，「家の前で氷を見つけたよ」というように，生活の中で見たり聞いたりしたことについての投稿や「○○テスト 7 まで合格した」というように，自分の喜びを伝えるものが見られた。

　次に，質問を投げかける投稿としては，「望遠鏡はなぜ，遠くまで見

えるのか知りたいです」といったように自分が知りたいことに関するものや「みんなは，どんなスポーツが好き？」というように他の人の考えを知るためのものが見られた。

さらに，遊びに関する投稿としては，「ここにクエストっぽくやってみよー！！！！」とロールプレイングゲームのような表現で敵と戦う文章を書き込んでいく遊びに誘う投稿，「寝個打位酢気なんと読むでしょう？」とクイズを出題する投稿，「あああああああああああああ」と意味のない文字の羅列を書き込む投稿，替え歌の歌詞を披露する投稿など，自分たちでSNSを使って楽しむ遊びを考え出すものが見られた。

また，意見表明に関する投稿としては，「今日も元気におはよーございます！」「明日の送る会みんながんばろう！」と呼びかけるものや「今日の給食の麻婆豆腐美味しかった！」「運動場が遊園地だったらいいな（＾_＾）」というように自分の考えを表明する投稿，「最近，モリゴンとか，変な名前で呼んでくる人がいて，困っているのですが，どうすればやめてくれるでしょうか？」というように相談を持ちかける投稿が見られた。中には，「皆さんにお願いがあります。クエストするのをやめてください。クエストは，みんなに伝える物じゃないでしょう？それに，［死ぬ］などの言葉を使うことになります。なので，クエストするのをやめてください」といったように，自分たちの学級で文化が作り上げられていくSNSのあり方に関して問題提起するものも見られた。

最後に，宣伝に関する投稿としては，「こんにちは○○です！今日から2月12日まで，たまちゃんキャラクターコンテストを開催します！詳しくは，ポスターを貼っておいたので，そこで確認してください。見事金賞に選ばれると，何とあなたの考えたキャラクターが，たまちゃんマンガに登場します！！！」というように，学級内新聞の編集者という立場から，企画したキャンペーンを宣伝するための投稿が見られた。

　この時間は,「構成要素（1）メディアを使いこなす能力」を育むために「【目標1】タブレットを用いてSNSの閲覧・投稿ができる」という学習目標が設定されていた。SNSの閲覧・投稿をするためには, タブレットの起動, サイトへアクセス, 文字入力, 写真添付などの操作を習得する必要がある。この時間の実践を通じて, 学習者は, 操作技能を習得することができたといえる。

　また,「構成要素（5）考えをメディアで表現する能力」を育むために「【目標5】言いたいことを短い言葉でまとめて表すことができる」という学習目標も設定されていた。一般にメディアは簡潔にわかりやすく編集されることが望ましいとされるが, とりわけソーシャルメディアでの日常的なコミュニケーションでは, スマートフォンなどの小さな画面からアクセスする人も多いため, 長文は好まれない傾向にある。学習者は, 考えを短い言葉でかつ魅力的に表現することの意味について学ぶことができたといえる。

3）3・4時間目：ふさわしい投稿について考え, 議論する

　3時間目では, 1週間の間に投稿された記事を読み返し, 学級内SNSにふさわしいと感じた記事とふさわしくないと感じた記事について, 学習者個人の考えを用紙に記入させ, 提出させた。教師は回収した回答を集約し, 1枚のシートにまとめ, 4時間目の教材とした。4時間目は, 前時に考えたことをグループで交流させる授業実践が行われた。その結果, 同じ投稿なのに, ふさわしいと思う人とふさわしくないと思う人がいるものがあることに学習者は気付いた。（次ページの図3）例えば,「テスト合格」という投稿は喜びを伝えているからふさわしいと考える人もいれば, まだ合格できていない人が気を悪くするかもしれないからふさわしくないと考える学習者もいた。このような議論を通じて, 人によっ

て考え方が異なることを理解したうえで，自分がどう行動するとよいか考えた。例えば，「いやなら見ないようにするとよい」「許せる範囲なら放っておく」「ひどいものはやさしく注意する」などの解決方法が提案された。

これらの時間は，「構成要素（3）メディアを読解，解釈，鑑賞する能力」を育むために「【目標3】自分とは別の意見も，理解しようと努力することができる」という学習目標が設定されていた。メディアは送り手と受け手の間で情報を媒介するが，自分とは異なる送り手の価値観が反映されたものであり，素朴な情報とは異なることを踏まえて解釈する必要がある。現実の場面では，こうした対話をネット上で行うことによって対立・炎上を引き起こすケースも散見される。対立を生まないような対話の仕方について授業の中で取り扱う意義は大きいと考えられる。これらの時間を通じて，学習者は，そうした努力の必要性を意識できるようになったといえる。

図3　ふさわしさの基準は人によって異なる

4） 5 時間目：批判的に情報を吟味して提供する

　5 時間目では，友達の疑問に対して調べて回答する体験を通して，SNS は「誰かが誰かの役に立つことができる」というように，人と人との関係性によって成立しているという特性を理解する実践が行われた。まず，「猫の種類はいくつですか？」という質問に対して，Web で検索をして調べ，コメント欄に回答するという学習活動が行われた。その活動を通じて，学習者は，サイトによって情報が異なることを発見した。そのことから，調べたことを批判的に検討する大切さについて考えるに至った。善意で「サイトを紹介」する場合に，注意しなければ間違いを広めてしまうこともある。情報発信者の責任は，そのサイトで情報を発信している人だけでなく，それを紹介する自分にもある，ということについて考えることができた。

　この時間は，「構成要素（2）メディアの特性を理解する能力」を育むために「【目標 2】人が疑問に思っていることを調べたり，解決したりしようとできる」という学習目標が設定されていた。ソーシャルメディアの特性の一つには，ゆるやかに他者とつながり，日常の出来事や素朴な疑問を発信して相互に知を共有したり，課題解決したりするなどの営みが生じることにある。学習者は，その特性について学ぶことができたといえる。

　また，「構成要素（4）メディアを批判的に捉える能力」を育むために「【目標 4】インターネットやテレビ，新聞の情報が本当かどうか，考えることができる」という学習目標が設定されていた。ソーシャルメディアで得られる情報においても虚偽や誤りが含まれる場合や立場や価値観によって見方や強調点が異なる場合があることを認識し，信憑性を判断したり，送り手の見方を意識して受け止めたりすることが重要である。本時の活動を通じて，学習者は，そうした批判的思考の重要性について

学ぶことができたと考えられる。

5）6時間目：SNSのあり方を考え提案する

　6時間目では，教師が，「実際に大人が活用しているSNSの記事」を学習者に紹介して，様々な目的でSNSが使われていることを確認した。例えば，記事が広告になっているものや冗談や嘘で人を楽しませようとするものがあるという事例について説明された。また，ドッグレスキューのように動物の命を救うためにSNSを活用している人の事例も紹介された。

　そのような多様な目的で使われているSNSにおいて，自分たちも情報の受け手・送り手として関わっていることを意識し，自分たちで楽しいSNSを作り上げていく必要があると確認された。それを踏まえて，自分たちでSNSを楽しい場にする方法をグループで考え，発表する活動を行った。

　この時間は，「構成要素（7）メディアのあり方を提案する能力」を育むために「【目標7】SNSを楽しい場にする方法を提案できる」という学習目標が設定されていた。SNSにおける文化やルールは，人々が作り上げていくものである。本時を通じて学習者は，コミュニティのあり方を考えて提案する重要性について学ぶことができたと考えられる。

　以上のように，「ソーシャルメディア時代のメディア・リテラシーの構成要素」に基づき単元目標・時間ごとの目標が設定され，実践が行われた。本実践から，これまでのメディア教育との違いをどのような点に見出すことができるだろうか。これまでも正解が一つではないということを前提として，体験による発見や対話を通じて学ぶ教育方法の重要性が提案されてきた。Masterman（1995）は，従来の教育は体系的に整

理された知識を効率よく伝達することが重視されてきたが，メディア・リテラシーを育む教育は，「探究と対話から学ぶ者や教える者によって新しい知識が能動的に創り出される」ものであると述べている。今回の実践ではそれをベースにしつつ，ソーシャルメディア時代のメディア教育では，社会で生じている様々な現象について，メディアのあり方を考えていく教育方法を確認することができた。例えば，あるグループがソーシャルメディア上で生み出した「遊び」の文化について，ある人にとっては楽しいものであり，ある人にとっては不快なものとなることがある。そのような多様性を理解することは，「フェイクニュース」「ポスト・トゥルース」のような現象を理解したうえで，問題を解決するために行動していく能力の基礎となると考えられる。学習者の体験から出てきた考えを教材として，対話を通じてソーシャルメディアの特性を学ぶ教育方法の有効性を確認することができた。今回紹介したものは，一つの例に過ぎないが，今後，ソーシャルメディア時代のメディア・リテラシーを育む単元を開発・実践する上で，参考になる実践であったと考えられる。

4．ソーシャルメディアのあり方を考える

　SNSを用いた人と人との関わりによってコミュニティが形成されることで，価値観の異なる人同士がつながりを作ることになる。そのため，注意しなければならないこともある。人によって背景や文化，感じ方が異なるため，そのコミュニティにふさわしいのは，どのような内容や言葉遣いなのかということについては，他者の反応から推し量り，対話しながら決めていく必要がある。何をもってふさわしいと考えるのか，答えが一つに決まるような問題ではないため，ゆるやかに合意形成をしていくプロセスが重要になる。

　ソーシャルメディアを利用する際に生じうる問題について，「共通の
ルールを作ることで解決できることはないか」「ルールを作ることはせ
ずに送り手，受け手の配慮で解決できることはないか」「運営サイドの
仕組みで解決できることはないか」などについて，考え，議論し，行動
していくことが求められる。その前提として，問題の所在を把握するた
めにソーシャルメディアの特性を理解することが求められる。

　社会生活を豊かにする便利なサービスのはずが，人を縛り，不安にさ
せたり，不快にさせたりする社会的な構造が生まれている。その構造的
な問題を解消する能力としてメディア・リテラシーが必要であり，その
ためのメディア教育を充実したものにしていくことが望まれる。

参考文献

藤代裕之（2017）ネットメディア覇権戦争〜偽ニュースはなぜ生まれたか．光文社

Masterman, L. Media Education: Eighteen Basic Principles. MEDIACY（Association for Media Literacy), 1995, 17(3). (宮崎寿子・鈴木みどり訳．鈴木みどり編（1997）メディア・リテラシーを学ぶ人のために．世界思想社)

中橋雄（2014）メディア・リテラシー論　ソーシャルメディア時代のメディア教育．北樹出版

中橋雄・山口眞希・佐藤和紀（2017）SNSの交流で生じた現象を題材とするメディア・リテラシー教育の単元開発．教育メディア研究24(1)：1-12

津田大介・日比嘉高（2017）ポスト真実の時代．祥伝社

付記
　本章は，中橋雄（2017）『メディア・リテラシー教育（北樹出版)』1章の一部を
基にして執筆したものである。

索　引

●配列は五十音順。

分担執筆者紹介

中橋　雄 (なかはし・ゆう)　　　　　　　　　・執筆章 → 10 〜 15 章

1975 年	福岡県に生まれる
1998 年	関西大学総合情報学部卒業
2004 年	関西大学大学院総合情報学研究科博士課程後期課程修了
	博士 (情報学)
現在	武蔵大学社会学部メディア社会学科教授
専攻	メディア・リテラシー論，教育の情報化，教育工学
主な著書	『メディアプロデュースの世界』(編著) 北樹出版，2013 年
	『映像メディアのつくり方―情報発信者のための制作ワークブック―』(共著) 北大路書房，2008 年
	『メディア・リテラシー論』北樹出版，2014 年
	『メディア・リテラシー教育』(編著) 北樹出版，2017 年

編著者紹介

苑　復傑 （えん・ふくけつ，YUAN Fujie）

・執筆章→2章，7章，8章

1958年	北京市に生まれる
1982年	北京大学東方言語文学系卒業
1992年	広島大学大学院社会科学研究科博士課程満期退学
	中国社会科学院外国文学研究所，放送教育開発センター，メディア放送教育開発センター助手，助教授，教授を経て
現在	放送大学教授
専攻	高等教育論，教育経済学，教育社会学
主な著書	『大学とキャンパスライフ』（8章担当）武内清編，上智大学出版社，2005年
	『現代アジアの教育計画』下（18章担当）山内乾史・杉本均編著，学文社，2006年
	『メディアと学校教育』（共著）（4，5，6章担当）放送大学教育振興会，2013年
	『情報化社会と教育』（共著）（1，2，3，4，5章担当）放送大学教育振興会，2014年
	『教育のためのICT活用』（共著）（7，8，9，10，15章担当）放送大学教育振興会，2017年
	『国際流動化時代の高等教育』（第4章担当）松塚ゆかり編著，ミネルヴァ書房，2016年

中川　一史（なかがわ・ひとし）

・執筆章→1章，3〜6章，9章

1959 年　　北海道に生まれる
　　　　　　横浜市の小学校教諭，教育委員会，金沢大学教育学部助教
　　　　　　授，メディア教育開発センター教授を経て
現在　　　　放送大学教授
専攻　　　　メディア教育，情報教育
主な著書　『ICT で伝えるチカラ』（監修）フォーラム・A，2013 年
　　　　　　『続・コミュニケーション力指導の手引　小学校版』（共編
　　　　　　著）高陵社書店，2012 年

放送大学教材　1570404-1-2011（ラジオ）

情報化社会におけるメディア教育

発　行　　2020 年 3 月 20 日　第 1 刷

編著者　　苑　復傑・中川一史

発行所　　一般財団法人　放送大学教育振興会
　　　　　〒 105-0001　東京都港区虎ノ門 1-14-1　郵政福祉琴平ビル
　　　　　電話　03（3502）2750

Printed in Japan　ISBN978-4-595-32217-4　C1355